高等职业教育高水平专业群创新系列教材·机电类

数控机床安装与调试

主　编　宋　嘎　陈恒超
副主编　徐瑞霞　戈立江　孙百祎
参　编　曹贵霞　许新伟　高　明

北京理工大学出版社
BEIJING INSTITUTE OF TECHNOLOGY PRESS

内 容 简 介

本书针对数控机床"装调难、维修难"的现实难题，从实用性、真实性和可操作性出发，遵循"以就业为导向、以能力为本位"的教育理念，以贴近现场实际的项目和任务为导向，采用基于工作过程系统化的开发理念，由校企合作进行开发，培养学生具备数控机床安装与调试的职业能力。全书采用项目导入和任务驱动的方式编写，共设计了 8 个教学项目和 24 个学习任务，每个学习任务均由任务目标、任务描述、任务准备、任务实施、任务拓展和知识巩固等环节组成。本书的编写力求体现以下特色：

（1）全书以配备 FANUC 0i D 软件的数控机床作为教学载体，贴合"FANUC 0i D 系统为当前主流数控系统，市场占有率大"这一现实实际情况。

（2）本书内容与企业现场接轨，很多案例来自合作企业的典型实例，贴近现场实际。

（3）本书教学内容编排逻辑性强，符合学生的认知规律，循序渐进，可实施性强。任务实施过程，图文并茂，通俗易懂。

（4）本书内容以必需、够用为原则，强调"怎么做"，突出"做中学"和"学中做"。

（5）每个学习项目均配备专业英语词汇，培养学生的专业英语识别及应用能力。

本书可作为高等院校机电设备维修与管理专业、数控技术应用专业、机电一体化技术专业的核心课程教材，也可作为数控机床装调与维护维修技术人员的参考用书。

图书在版编目（CIP）数据

数控机床安装与调试／宋嘎，陈恒超主编. —北京：北京理工大学出版社，2020.9
（2020.10 重印）

ISBN 978 – 7 – 5682 – 8952 – 8

Ⅰ.①数… Ⅱ.①宋… ②陈… Ⅲ.①数控机床 – 安装 – 高等职业教育 – 教材②数控机床 – 调试方法 – 高等职业教育 – 教材　Ⅳ.①TG659

中国版本图书馆 CIP 数据核字（2020）第 159785 号

出版发行／北京理工大学出版社有限责任公司
社　　址／北京市海淀区中关村南大街 5 号
邮　　编／100081
电　　话／（010）68914775（总编室）
　　　　　（010）82562903（教材售后服务热线）
　　　　　（010）68948351（其他图书服务热线）
网　　址／http：//www.bitpress.com.cn
经　　销／全国各地新华书店
印　　刷／涿州市新华印刷有限公司
开　　本／787 毫米×1092 毫米　1/16
印　　张／15　　　　　　　　　　　　　　　　　责任编辑／张旭莉
字　　数／352 千字　　　　　　　　　　　　　　　文案编辑／张旭莉
版　　次／2020 年 9 月第 1 版　2020 年 10 月第 2 次印刷　　责任校对／周瑞红
定　　价／39.00 元　　　　　　　　　　　　　　　责任印制／李志强

前　言

　　机床制造业相当于中国工业的发动机和国民经济的心脏，是一个国家综合国力的具体体现，在国民经济现代化的建设中起着重要作用。数控机床是现代工业制造的必备设备，它综合了机械制造、计算机、电机及电力拖动、自动控制、智能检测等技术，是典型的机电一体化技术产品。近几年，我国金属切削机床的产量呈现出明显增长的态势。据统计，中国数控金属切削机床产业规模在 2019 年达 3 270.0 亿元。预计到 2022 年，产业规模将达到 4024.3 亿元。随着数控机床行业的快速发展，相关企业急需一大批机床装配调试和维护维修人员。

　　本书针对数控机床"装调难、维修难"的现实难题，从实用性和可操作性出发，遵循"以就业为导向、以能力为本位"的教育理念，以贴近现场实际的项目和任务为导向，采用基于工作过程系统化的开发方法，基于校企合作，培养学生数控机床安装与调试的能力。本书采用项目导入和任务驱动的方式编写，共设计了 8 个教学项目和 24 个学习任务，每个学习任务均由任务目标、任务描述、任务准备、任务实施、任务拓展和知识巩固等环节组成。本书具有以下特色：

　　(1) 本书以配备 FANUC 0i D 软件的数控机床作为教学载体，符合当前数控机床的主流数控系统，市场占有率大的实际情况；

　　(2) 本书任务实施的内容与企业现场接轨，很多案例来自合作企业的典型实例，贴近现场实际；

　　(3) 本书内容编排逻辑性和可实施性强，符合学生的认知规律，任务实施内容讲解图文并茂，通俗易懂；

　　(4) 本书内容以必需、够用为原则，强调"怎么做"，突出"做中学"和"学中做"；

　　(5) 每个学习项目均配备专业英语词汇，培养学生的专业英语识别及应用能力。

　　本书可作为高职高专机电设备维修与管理专业、数控技术应用专业、机电一体化技术专业核心课程的教材，也可作为数控机床装调与维护维修技术人员的参考用书。

　　本书由山东职业学院宋嘎，济南职业学院陈恒超担任主编，由山东职业学院徐瑞霞、戈立江，山东交通职业学院孙百祎担任副主编。由济南一机床集团有限公司曹贵霞，济南市技师学院许新伟、高明担任参编。其中，绪论、项目四、项目五、项目八由宋嘎编写；项目二由陈恒超编写；项目三由徐瑞霞编写；项目六由戈立江编写；项目七由孙百祎编写；项目一由曹贵霞编写；许新伟、高明参与了资料收集工作。

　　本书在编写过程中得到了北京发那科机电有限公司和济南一机床集团有限公司的大力支持，在此表示衷心感谢。

　　由于编者水平有限，书中难免有疏漏和不足，恳请读者批评指正。

编　者

2020 年 7 月

目　　录

第三篇　数控机床整机装调与验收

绪　　论

一、数控机床基础

1. 数控机床的结构组成

数控机床是典型的数控设备，它的产生和发展是数控技术产生和发展的重要标志。数控机床采用计算机数控（Computerized Numerical Control，CNC）系统作为控制系统，一般由输入/输出设备、数控系统、伺服驱动系统、可编程控制器（PLC）、电气控制装置、辅助装置、机床本体及测量反馈装置组成。图 0-1 为数控机床的组成结构。

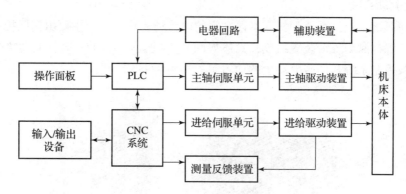

图 0-1　数控机床的组成结构

1) 输入/输出设备

输入/输出设备是 CNC 系统与外部设备进行交互的装置。输入装置的作用是将控制介质（信息载体）上的数控代码转换成相应的电脉冲信号，传送并存入 CNC 系统内。根据存储介质不同，输入装置可以是光电阅读机、录音机、软盘驱动器、U 盘和 CF（Compact Flash）卡等。有些数控机床，不用任何程序存储载体，数控程序的内容通过键盘直接输入或者由编程计算机传送到 CNC 系统。输出装置根据控制器的指令将计算结果传送到伺服系统，经过功率放大后驱动相应的伺服电动机，使机床完成刀具相对工件的运动。

2) 数控系统

数控系统是一种位置控制系统，是机床自动化加工的核心，由主控制系统、运算器、存储器、输入端口和输出端口五大部分组成。数控系统接收输入装置送来的脉冲信息，经过数控装置的逻辑电路或系统软件进行编译、运算和逻辑处理后，输出各种信号和指令来控制机床完成规定的、有序的动作。这些控制信号中最基本的信号是经插补运算确定的各坐标轴（即作进给运动的各执行部件）的进给速度、进给方向和位移量信号，其作用是送往伺服驱动系统驱动执行部件进行进给运动。此外，还有主运动部件的变速、换向和启停信号；选择交换刀具的刀具指令信号；控制冷却、润滑的启停信号；工件和机床部件的松开、夹紧信号；分度工作台的转位信号等。图 0 - 2 为 FANUC 0i - MD 软件的数控机床的操作面板。

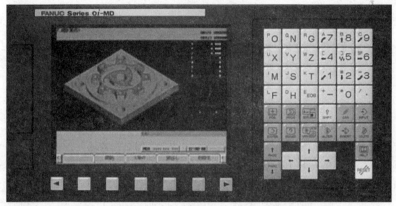

图 0 - 2   FANUC 0i - MD 软件的数控机床的操作面板

3）伺服驱动系统

伺服驱动系统是数控系统和机床本体之间的电传动联系环节，主要由伺服控制系统、伺服电动机和位置检测与反馈装置组成，具体如图 0 - 3 所示。其中，伺服电动机是系统的执行元件，伺服控制系统是伺服电动机的动力源。

图 0 - 3   伺服电动机及伺服驱动系统

伺服驱动系统根据数控装置发来的指令控制执行部件的进给速度、方向和位移。每个进行进给运动的执行部件，都配有一套伺服驱动系统，根据需求可采用开环、半闭环或闭环伺服驱动系统。在半闭环和闭环伺服驱动系统中，要使用位置检测装置，直接或间接测量执行部件的实际进给位移，使其与指令位移进行比较，按闭环原理，将其误差放大后转化为伺服电动机的转动，从而带动机床工作台移动。

4）机床本体

数控机床本体的机械部件包括主运动部件、进给运动执行部件、工作台和床身立柱等支承部件，以及冷却、润滑、转位和工件夹紧等辅助装置。对于加工中心类的数控机床，还有存放刀具的刀库、自动换刀装置等。

数控机床本体机械部件的组成与普通机床相似，但其传动结构在精度、刚度、抗振性、简单化等方面有更高的要求，而且其传动和变速系统要便于实现自动化控制。为了适应这种要求，数控机床在以下 5 个方面做了很大的改进。

（1）进给运动采用高效传动件，具有结构简单、传动链短、传动精度高的特点，一般有滚珠丝杠、直线导轨等。

（2）采用高性能主传动件及主轴部件，具有传递功率大、刚度高、抗振性好、热变形小的特点。

（3）具有完善的刀具自动交换和管理系统。

（4）在加工中心一般有工件自动交换、工件夹紧和放松机构。

（5）采用全封闭罩，对机床的加工部件进行全封闭。

5）辅助控制装置

辅助控制装置是介于数控装置和机床机械、液压部件之间的控制系统，其主要作用是接收数控装置发出的主运动变速、刀具选择交换、切削液打开等指令信号，经必要的编译、逻辑判断、功率放大后直接驱动相应的电器、液压、气动和机械部件，以完成指令所规定的动作。此外，开关信号也由辅助控制装置送往数控装置进行处理。

2. 典型数控系统

1）FANUC 数控系统

日本 FANUC 公司的数控系统具有高质量、高性能、全功能的特点，适用于大部分的机床和生产机械，在我国市场的占有率远远超过其他数控系统，其特点主要体现在以下 7 个方面。

（1）系统在设计中大量采用模块化结构，易于拆装；各个控制板高度集成，具有较高的可靠性高，而且便于维修、更换。

（2）具有很强的抵抗恶劣环境影响的能力（工作环境温度为 0 ~ 45 ℃，相对湿度为 75%）。

（3）具有对自身系统的保护电路。

（4）基本功能和选项功能较为齐全。

（5）能够提供丰富的 PMC 信号和 PMC 功能指令，便于用户编制 PMC 控制程序，且具有编程的灵活性。

（6）具有很强的 DNC 功能。该系统提供串行 RS232 通信端口，使通用计算机和机床之间的数据传输能方便、可靠地进行，从而实现高速的 DNC 操作。

（7）提供丰富的维修报警和诊断功能。FANUC 维修手册为用户提供了大量的报警信息，并且以不同的类别进行分类，方便用户进行诊断、维修。

FANUC 数控系统的主要系列如下。

0i 系列：高可靠性和高性价比的 CNC，整体软件功能包，高速、高精度加工，具有网络功能，还提供了丰富而先进的功能，适用于加工中心、数控铣床和数控车床，该系列的最新型号为 FANUC 0i - F。

30i 系列：高端系列，最高控制轴数/联动轴数可达 40 轴（32 进给 + 8 主轴）/24 轴，加工精度可达 1nm，适合当代高速、高精度加工与功能复合、网络化数控机床需要的先进功能，包括 FANUC 30i/31i/32i 系列。

2) SINUMERIK 数控系统

SINUMERIK 数控系统是西门子集团旗下产品，采用模块化设计，具有端口诊断功能和数据通信功能，目前广泛使用的主要有 808、828、840D 等系列。

（1）SINUMERIK 808 系列。SINUMERIK 808D 中全新设计的 SINUMERIK start GUIDE 在线向导功能是这款新产品的一大特色。在"快速调试向导"和"批量生产向导"的引导下，调试人员可以快捷地按步骤完成机床样机的调试和机床批量生产的调试；在"操作向导"的帮助下，操作者可以快速掌握机床操作的基本步骤和编程方法。整体来说，不论是界面结构还是在编程方式上，Sinumerik Operate Basic 人机界面都继承了西门子高端数控系统的优点，其带有图形支持的工艺循环编辑界面和实用的轮廓计算器使零件程序编辑变得更为简单。同时，Sinumerik 808D 还兼容 ISO 编程语言，甚至可以在一个零件的程序内进行 DIN/ISO 混合编程。对于中国用户而言，Sinumerik 808D 不仅提供了中文版数控控制器和机床控制面板，而且在人机界面上实现了全中文的支持，还能以中文作为零件、程序名或注释等。Sinumerik 808D 适用于普及型车床、铣床和立式加工中心，最多可配置 3 个进给轴和一个主轴，加工精度和加工效率都比较高。其中，数控计算精度达到 80 位浮点数的纳米计算精度，能够最大限度地减小内部误差。另一方面，Sinumerik 808D 具有带程序段预读的 MDynamics 智能路径控制功能，能够显著提高加工速度和表面加工质量，确保模具加工的应用。在车床应用中，手动机床（MM +）选项为从传统车床加工向数控车床应用的过渡提供了便利，基于此功能的数控机床可以使用手轮以传统的方式操作，同时手动机床还具备数控加工的所有优势。

（2）SINUMERIK 828 系列。该系列可配置的最大轴数为车床版 8 轴/铣床版 6 轴，采用 ISO 语言编译器，兼容各种编程语言，PLC 梯形图最大步数为 24 000，能够提供 60 个数字输入/240 个数字输出，10 个模拟输入/10 个模拟输出，配置 10.4″彩色 TFT 液晶显示器和全尺寸 CNC 键盘，集 CNC、PLC、操作界面及轴控制功能于一体，通过 Drive - CLiQ 总线与全数字驱动 SINAMICS S120 实现高速可靠的通信，PLC 的 I/O 模块通过 PROFINET 连接，可自动识别，无须额外配置。大量高级的数控功能和丰富、灵活的工件编程方法使其广泛地应用于世界各地的加工场合。

（3）SINUMERIK 840D 系列。该系统的 CNC、HMI、PLC、驱动闭环控制系统和通信模块完美集成于 SINUMERIK NC 单元（NCU）中，具备基于以太网的通信解决方案和强大的 PLC/PLC 通信功能，SINAMICS S120 驱动系统能够支持几乎所有类型的电动机，基于 DSC（动态伺服控制）闭环位置控制技术确保机床获得最佳的动态性，能实现最优的表面加工质量，是刀具和模具制造的理想解决方案。

3) 华中数控系统

华中数控系统在我国中、高档数控系统及高档数控机床的研发方面取得了重大突破，即突破了一批数控系统的关键单元技术还攻克了规模化生产工艺和可靠性关键技术，建立了系列化、成套化的中、高档数控系统产品产业化基地。华中数控系统具备较强的系统配套能力，可生产 HNC - 8、HNC - 210、HNC - 21、HNC - 18/19 等高档、中档、普及型数控系统，以及全数字交流伺服主轴系统、全数字交流伺服驱动系统等。

华中"世纪星"数控系统是在华中 I 型、华中 2000 系列数控系统的基础上，为满足用户低价格、高性能、简单可靠的要求而开发的数控系统。"世纪星"系列数控单元

（HNC‐21TD、HNC‐21MD、HNC‐22TD、HNC‐22MD）采用先进的开放式体系结构，内置嵌入式工业计算机，配置8.4"或10.4"彩色TFT液晶显示屏和通用工程面板，集成进给轴端口、主轴端口、手持单元端口、内嵌式PLC端口于一体，采用电子盘程序存储方式，具有USB、DNC、以太网等程序交换功能，还具有低价格、高性能、配置灵活、结构紧凑、易于使用、高可靠性等特点，主要应用于数控车床、数控铣床、加工中心等各类数控机床的控制。

HNC‐848为全数字总线式高档数控装置，支持自主开发的NCUC总线协议和EtherCAT总线协议，同时还支持总线式全数字伺服驱动单元、总线式远程I/O单元和绝对式伺服电动机，集成手持单元端口。系统采用双IPC单元的上下位机结构，具有高精加工控制、五轴联动控制、多轴多通道控制、双轴同步控制及误差补偿等高档数控系统功能。此外，该系统还具有友好人性化的HMI，独特的智能平台，将人、机床、设备紧密地结合在一起，最大限度地提高了生产效率，缩短了制造准备时间。该系统提供五轴加工、车铣复合加工完整的解决方案，适用于航空航天、能源装备、汽车制造、船舶制造、3C（计算机、通信、消费电子）领域。

4）广州数控系统

广州数控系统的"GSK"系列产品也是市面上应用得比较多的数控系统，主要产品有GSK928TE、GSK980TD、GSK988TD车床数控系统，GSK928M、GSK21M、GSK25i铣床数控系统等。

（1）GSK928TE系统。928系列属于基本要退出市场的系统，其存储空间为24 KB，只能存储100个程序，虽然该系统具有RS232端口和DNC功能，但不具有宏程序功能和螺距误差补偿功能。

（2）GSK980TD系统。该系统是在GSK980TA系统的基础上发展起来的、应用较广的一款系统，存储空间为3 000 KB，可存储192个零件；具备相对完善的宏程序功能；具有32组刀具长度补偿和刀具半径补偿；具有内置PLC功能，可实现梯形图的编辑、上传和下载；带USB通信功能，可实现I/O端口的扩展。

（3）GSK21M数控系统。该系统具有4轴3联动控制功能，可扩展至7轴4联动控制；支持直线、圆弧、样条曲线插补；最快进给速度可达60 m/min，具有256个输入输出点；支持梯形图编程；具有99组刀具长度补偿和刀具半径补偿；其直线坐标轴具有间隙及螺距误差补偿功能；具有刚性攻丝功能；存储容量可达32 MB，且支持U盘存储。

（4）GSK25i数控系统。GSK‐Link实时工业以太网总线控制，可同时控制两个通道进行铣削或车削加工，最高可控制2个通道8个进给轴3个伺服主轴，I/O点最大可扩展至1024/1024，可满足大型、复杂设备的控制，基本指令处理时间为0.5 μs/步，程序容量为12 000步，适用于多功能加工中心、镗、铣、钻、车、磨等机床、复合机床和自动化设备的控制。

二、数控机床安装和调调常用的工量具

数控机床安装和调试常用的工具如下面3个表所示，其中表0‐1为常用的机械拆卸及装配工具，表0‐2为常用的机械检验和测量工具，表0‐3为常用的电气维修工具及仪表。

表0-1　常用的机械拆卸及装配工具

名称	实物图	说明
六角扳手		通过扭矩对六角螺丝施加作用力
单头钩形扳手		用于扳动在圆周方向上开有直槽或孔的圆螺母，分为固定式和调节式
端面带槽或孔的圆螺母扳手		用于圆螺母的松紧，分为套筒式扳手和双销叉形扳手
弹性挡圈安装钳		用来安装内簧环和外簧环的专用工具，分为轴用弹性挡圈装拆用钳和孔用弹性挡圈装拆用钳
拔销器		用于拔除工件上定位销的专用工具
弹性锤子		用于敲打物体使其移动或变形的工具，分为木锤和铜锤

续表

名称	实物图	说明
扭矩扳手	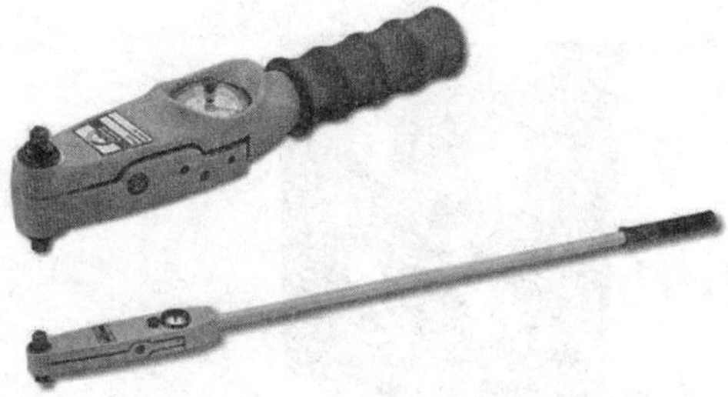	用于对拧紧工艺有严格要求的装配，使产品各个紧固件的扭矩值一致，保障产品的质量
拉卸工具	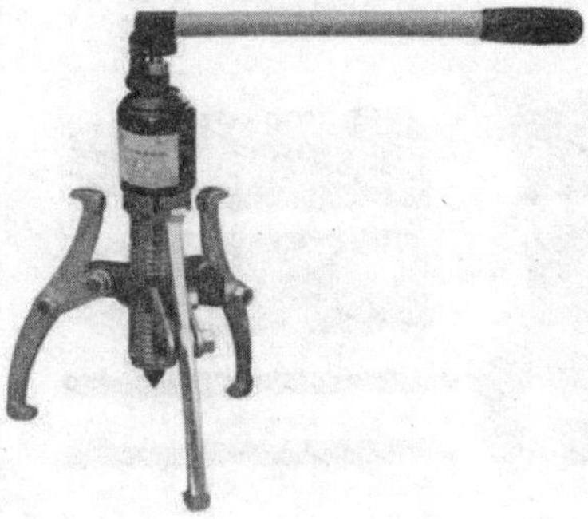	用于拆卸安装在轴上的滚动轴承、皮带轮式联轴器等零件，分为螺杆式和液压式两种。其中，螺杆式拉卸工具分为两爪式、三爪式和铰链式

表 0 − 2　常用的机械检验和测量工具

名称	实物图	说明
平尺		用于测量工件的直线度、平面度
角尺		用于机床及零部件的垂直度检验、安装加工定位、划线等

续表

名称	实物图	说明
方尺		用于机床之间不垂直度的检查
垫铁		用于数控机床衰减机器自身的振动,减少振动力外传,阻止振动力的传入等,还可调节机床的水平高度
检验棒	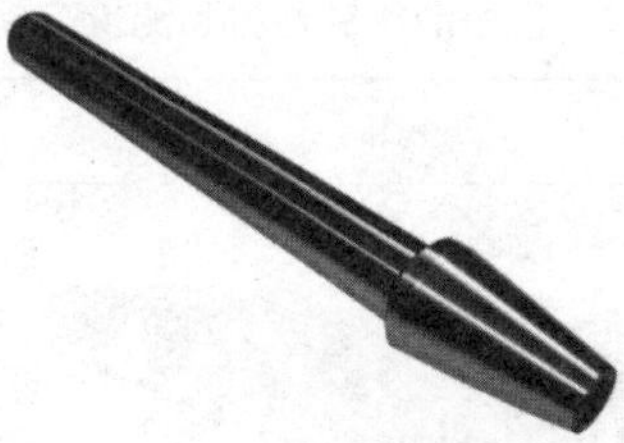	用于检验各种机床的几何精度
塞尺		用于测量间隙尺寸,在检验被测尺寸是否合格时,可以用通止法判断,也可由检验者根据塞尺与被测表面配合的松紧程度来判断

名称	实物图	说明
杠杆千分尺	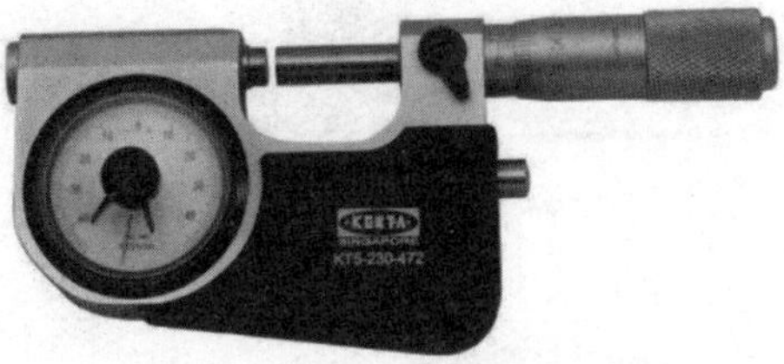	当零件的几何形状精度要求较高时，使用杠杆千分尺可以满足其测量要求，测量精度可达 0.001 mm
万能角度尺		用于测量工件内外角度的量具，根据尺身的形状分为圆形和扇形
杠杆式百分表及磁力表座		用于测量受空间限制的工件，如检测内孔跳动。使用时应注意使测量运动方向与测头中心垂直，以免产生测量误差
杠杆式千分表及磁力表座	图略	其工作原理与杠杆式百分表一致，只是分辨率不同，常用于精密机床的测量
水平仪	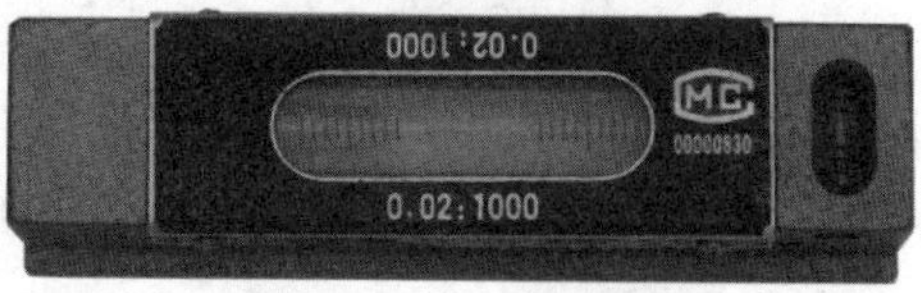	用于测量导轨在垂直面内的直线度、工作台台面的平面度及零件之间的垂直度、平面度等

表 0-3　常用的电气维修工具及仪表

名称	实物图	说明
螺丝刀	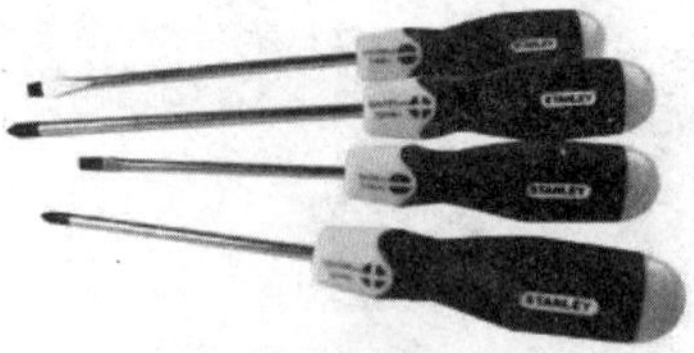	用于拧转螺丝钉以迫使其就位的工具，主要分为一字（负号）和十字（正号）
万用表		用于电压、电流、电阻等电气参数的测量
尖嘴钳	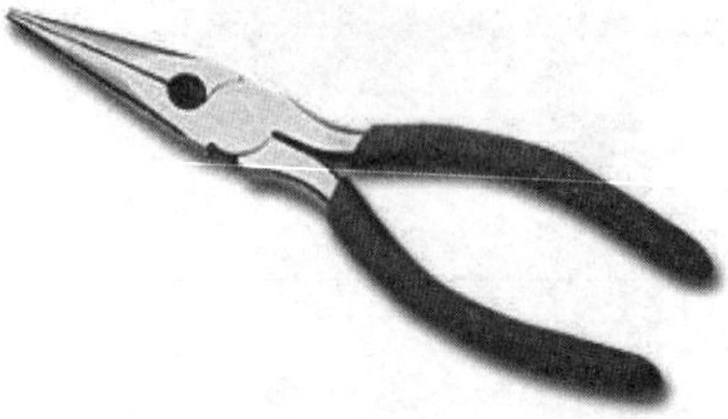	用于剪切线径较细的单股与多股线，给单股导线接头弯圈，剥去塑料绝缘层等
剥线钳	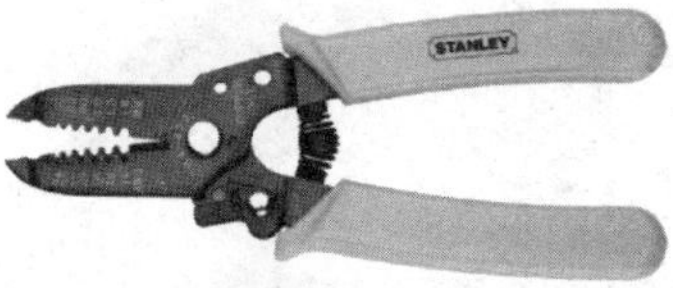	用于剥除电线头部表面的绝缘层
电烙铁	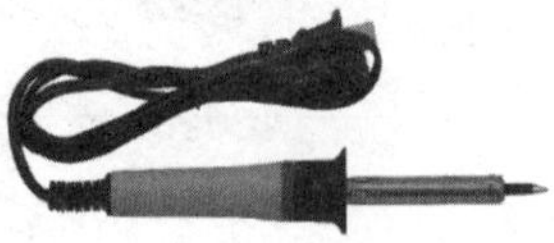	用于焊接元件及导线，按机械结构可分为内热式电烙铁和外热式电烙铁，按功能可分为焊接用电烙铁和吸锡用电烙铁
数字转速表		用于测量伺服电动机的转速，是检查伺服调速系统的重要依据之一，常用的转速表有离心式转速表和数字式转速表等

名称	实物图	说明
测振仪	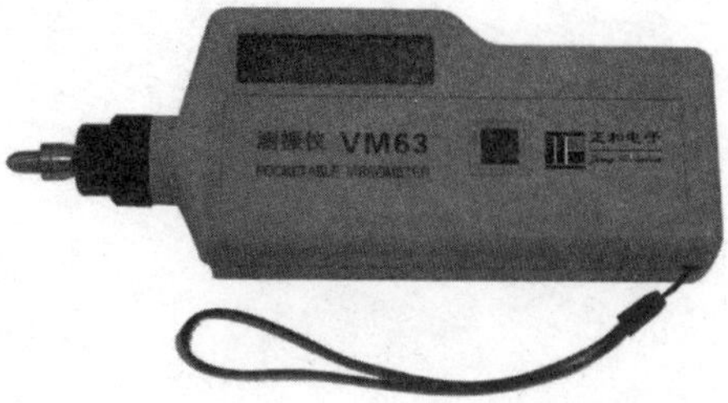	用于测量数控机床的振动、加速度和位移等
相序表	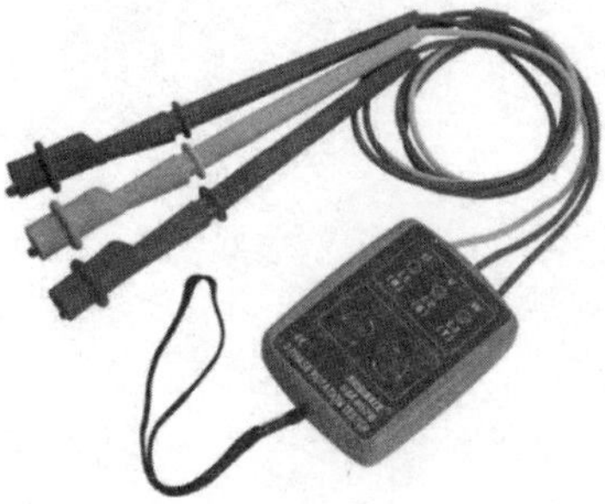	用于测量三相电源的相序，是交流伺服驱动、主轴驱动维修的必要测量工具之一
红外测温仪	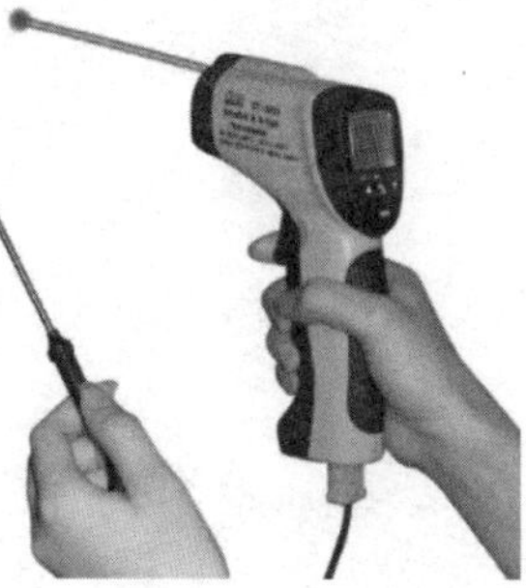	用于检测数控机床容易发热的部件的温度，如功率模块、导线接点、主轴轴承等
激光干涉仪		用于对数控机床进行高精度的几何精度和位置精度的测量与校正，也可进行螺距误差补偿等

第一篇 数控机床机械部件的安装与调试

项目一　数控机床主传动系统的安装与调试

项目引入

数控机床的主传动是指产生主切削运动的传动，它能实现各种刀具和工件所需的切削功率，并且在尽可能大的转速范围内能保证恒定的功率输出。同时，为使数控机床能获得最佳的切削速度，主传动须在较宽的范围内实现无级变速，它的功率大小与回转速度直接影响着机床的加工效率。主轴部件是保证机床加工精度和自动化程度的主要部件，是机床整机精度检验的基准，对数控机床性能有着决定性的影响。数控车床是目前使用较为广泛的数控机床之一。本项目主要包括数控车床主传动系统的安装与调试、加工中心主传动系统的安装与调试任务。通过完成本项目的工作任务，学生能够具备数控机床主传动系统的安装与调试能力。

项目要求

（1）了解数控机床主轴部件的结构。
（2）掌握数控车床主传动系统的组成。
（3）掌握数控车床主轴部件安装与调试的基本知识。
（4）能够独立完成数控车床主传动系统的安装与调试。

项目内容

任务1　数控车床主传动系统的安装与调试
任务2　加工中心主传动系统的安装与调试

任务1　数控车床主传动系统的安装与调试

【任务目标】

（1）了解数控车床主轴部件的结构。
（2）掌握数控车床主轴轴承的支承方式。
（3）掌握数控车床主轴轴承的安装与预紧。
（4）能够根据技术要求完成数控车床主轴部件的安装与调试。

【任务描述】

某公司生产某一系列数控车床，其主轴有前、后两个支承，前支承由一圆锥孔双列圆柱滚子轴承和一对角接触球轴承组成；后支承为圆锥孔双列圆柱滚子轴承。主轴的支承形式为前端定位，主轴受热膨胀向后伸长。现需要完成该车床主轴部件的安装与调试。

【任务准备】

一、资料准备

本任务所需的资料所下：
（1）该数控车床的使用说明书；
（2）该数控车床的维修说明书；
（3）该数控车床的主轴结构图。

二、工具、材料准备

本任务所需的工具和材料清单如表 1-1 所示。

表 1-1　项目一任务 1 所需的工具和材料清单

类型	名称	规格	单位	数量
工具	内六角扳手	2~19 mm	套	1
	外六角扳手	8×10 mm、12×14 mm、16×18 mm、17×19 mm	套	1
	钩扳手	34~42 mm、45~52 mm、68~80 mm	把	3
	铜棒	$\phi50×150$ mm	个	1
	主轴检验棒	0#~6#	套	1
	杠杆式千分表	0~0.6 mm (0.002 mm)	个	1
	磁力表座	385 mm	套	1
材料	轴承	根据实际情况选用	组	1
	干净棉纱	根据实际情况选用	块	2
	煤油或汽油	根据实际情况选用	桶	适量
	润滑脂	根据实际情况选用	桶	适量

三、知识准备

1. 数控车床主传动系统的结构组成

数控车床的主传动系统包括主轴部件、主轴电动机和主传动部件等，其结构比普通车床简单，这是因为变速功能全部或大部分由主轴电动机的无级调速来承担，省去了复杂的齿轮变速机构，有的数控车床配有二级或三级齿轮变速系统用于扩大电动机无级调速的范围。

数控车床的主轴部件是机床的重要部件，其结构的先进性已成为衡量车床水平的标志之一。主轴部件包括主轴、主轴的支承、安装在主轴上的传动部件和速度反馈装置等。具有自动换刀装置的数控车床，为了实现刀具在主轴上的自动装卸和夹紧功能，还必须有刀具的自动夹紧装置、主轴准停装置等。

2. 主轴结构

数控车床的主轴主要由主轴箱、主轴速度检测装置及工件夹紧装置组成，其结构如图 1-1 所示。

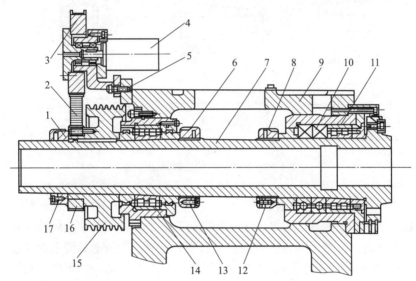

1、6、8—螺母；2—同步带；3、16—同步带轮；4—脉冲编码器；5、12、13、17—螺钉；7—主轴；
9—箱体；10—角接触球轴承；11、14—圆柱滚子轴承；15—带轮。

图 1-1　数控车床的主轴结构

1）主轴箱

主轴箱中的交流主轴电动机通过带轮把速度传递给主轴。主轴有前、后两个支承，前支承由一圆锥孔双列圆柱滚子轴承和一对角接触球轴承组成（一个大口向外朝向主轴前端，另一大口向里朝向主轴后端）；后支承为圆锥孔双列圆柱滚子轴承。主轴的支承形式为前端定位，受热膨胀会向后伸长。前、后支承所用圆柱滚子轴承的支承刚性好，允许的极限转速高，且前支承中的角接触球轴承能承受较大的轴向负荷。主轴所采用的支承结构能够满足高速、大负荷的需要，主轴通过同步带带动脉冲编码器动作，且能实现速度检测。

2）主轴速度检测装置

主轴通常利用编码器来进行速度检测，编码器是一种角位移传感器，分为光电式、接触式和电磁式。其中，与主轴同步的光电式编码器的精度和可靠性都很好，可通过中间轴齿轮 1:1 传动，也可以同轴安装，在数控机床上应用十分广泛。利用主轴编码器检测主轴运动信号，一方面可实现主轴调速的数字反馈，另一方面可用于控制进给运动，如车削螺纹要求输入进给伺服电动机的脉冲数与主轴转速间有对应关系。

3）工件夹紧装置

数控车床的工件夹紧装置可采用自定心卡盘、单动卡盘或弹簧夹头。为了减少数控车床装夹工件的辅助时间，大多工件夹紧装置采用液压或气压驱动的自定心卡盘。由于要在数控车床主轴的两端安装结构笨重的卡盘和夹紧液压缸，因此必须进一步提高主轴的刚度，并设计合理的连接端以改善卡盘与主轴前端的连接刚度。

3. 主轴端部的结构

主轴端部在设计要求上，应能保证定位准确、安装可靠、连接牢固、装卸方便，并能传递足够的转矩。目前，主轴端部已经标准化。图1-2为6种通用的主轴端部结构。

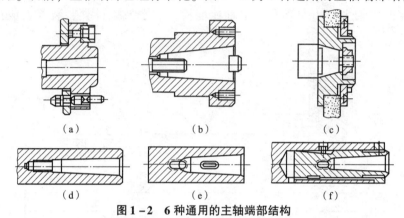

（a） （b） （c）

（d） （e） （f）

图1-2 6种通用的主轴端部结构

（a）数控车床主轴端部；（b）铣、镗类机床主轴端部；（c）外圆磨床砂轮主轴端部；
（d）内圆磨床砂轮主轴端部；（e）钻床与普通镗床锤杆端部；（f）数控镗床主轴端部

其中，数控车床的主轴端部主要用于安装夹持工件、夹具，前端的短圆锥面和凸缘端面为安装卡盘的定位面；拨销用于传递扭矩；当安装卡盘时，卡盘上的固定螺栓连同螺母从凸缘孔中穿过。转动快卸卡板的同时会将几个螺栓卡住，再拧紧螺母即可将卡盘紧固在主轴端部。主轴前端的莫氏锥度孔用于安装顶尖或心轴。

4. 主轴部件的支承

由于数控车床主轴带着刀具或夹具在支承件中作回转运动，因此主轴部件需要传递切削扭矩，承受切削抗力，并保证必要的旋转精度。根据主轴部件的工作精度、刚度、温升和结构的复杂程度，合理配置轴承，可以提高主传动系统的精度。数控车床主轴多采用精密滚动轴承作为支承，对于精度要求高的主轴则采用动压或静压滑动轴承作为支承。图1-3为主轴部件常用的滚动轴承。

1）圆柱滚子轴承

圆柱滚子轴承的滚动体为短圆柱，有单列排列、双列排列，内圈分为圆柱孔、圆锥孔两种类型。其中，双列圆柱滚子轴承只能承受径向负荷，因为短圆柱属于线接触，其径向承载能力和刚度大于角接触球轴承，但允许的转速较低。内圈圆锥孔的锥度为1:12，与主轴的锥形轴颈相配合。轴向移动内圈，可以把内圈胀大，以改变轴承内部游隙并预紧。

2）推力角接触球轴承

推力角接触球轴承的滚动体为滚珠，接触角为60°，其特点是轴向刚度好，转速高，温升低。由于其只承受轴向负荷，因此通常与双列圆柱滚子轴承（承受径向力）配套使用。其中，双向推力角接触球轴承，承受双向轴向负荷。

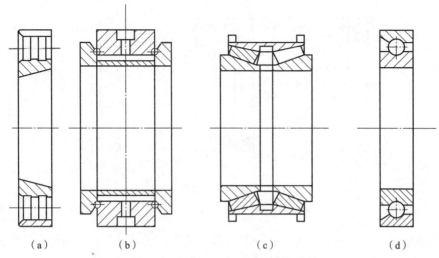

图 1 - 3　主轴部件常用的滚动轴承

(a) 双列圆柱滚子轴承；(b) 双向推力角接触球轴承；(c) 双列圆锥滚子轴承；(d) 角接触球轴承

3）圆锥滚子轴承

圆锥滚子轴承的滚动体为短圆锥滚子，分为单列排列、双列排列两种。单列圆锥滚子轴承可承受径向负荷和一个方向的轴向负荷，双列圆锥滚子轴承可承受双向轴向负荷和径向负荷。圆锥滚子属于线接触，可承受较大的径向负荷，但转速较低。

在径向负荷作用下，由于圆锥滚子轴承内部会产生一单方向的轴向分力，因此需与另一圆锥滚子轴承配合使用。轴向移动内圈，可以把内圈胀大，以改变轴承内部游隙并预紧。

4）角接触球轴承

角接触球轴承的滚动体为滚珠，有接触角，分为 15°、18°、25° 和 30° 四种类型。单列角接触球轴承因为有接触角，承受径向负荷后产生轴向分力，适用于承受径向负荷和一个方向的轴向负荷的情况。若承受两个方向的轴向负荷，则需组合成对使用，组合方式有背对背（DB）方式、面对面（DF）方式、并列（DT）方式等。

5. 角接触球轴承的配对形式

角接触球轴承的配对形式如图 1 - 4 所示。

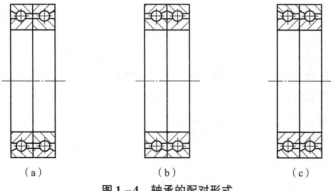

(a)　　　　　　　(b)　　　　　　　(c)

图 1 - 4　轴承的配对形式

(a) 背对背（DB）；(b) 面对面（DF）；(c) 并列（DT）；

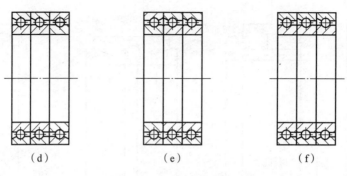

（d）　　　　　　　（e）　　　　　　　（f）

图 1-4　轴承配对形式（续）

（d）三列组合（DBD）；（e）三列组合（DFD）；（f）三列组合（DTD）

当角接触球轴承在主轴上使用时，一般有两列组合、三列组合和四列组合等方式。最常用的是两列组合和三列组合。角接触球轴承不同配对形式的特点如表 1-2 所示。

表 1-2　角接触球轴承不同配对形式的特点

配对形式	代号	特点
背对背组合	DB	对称安装 能承受径向负荷 能承受两个方向的轴向负荷 能承受较高的倾覆力矩
面对面组合	DF	对称安装 能承受径向负荷 能承受两个方向的轴向负荷 承受倾覆力矩的能力较差
并列组合	DT	两套轴承相同 同向排列 能承受径向负荷 能承受一个方向较大的轴向负荷

注：不同轴承厂家的配对代号不统一，本表以日本 NSK 公司生产的轴承为例。

6. 滚动轴承的预紧

在安装轴承时，预先使轴承产生内部应力，以便轴承在负游隙下使用，这种方法称为预紧。预紧的主要目的如下：

（1）在轴的径向及轴向精确定位的同时，抑制轴的跳动；

（2）提高轴承的刚度；

（3）防止轴向振动及共振引起的异音；

（4）抑制滚动体的自旋滑动、公转滑动及自转滑动；

（5）保持滚动体相对套圈的正确位置。

车床主轴轴承虽在装配时进行过预紧，但使用一段时间以后，间隙或过盈会发生变化，此时得重新调整。轴承间隙的调整与预紧，通常是通过轴承内、外圈相对轴向移动来实现的，常用的方法有定位预紧和定压预紧两种。

1）定位预紧

定位预紧是一种保证轴承在使用过程中不改变轴向相对位置的预紧方法，在使用中预紧力会发生变化，但轴承相对位置不变，如图 1-5 所示。

定位预紧的方法如下：

（1）为了实施预紧，将事先调整过宽度差或轴向游隙的组合轴承紧固后使用；

（2）使用调整过尺寸的隔圈对轴承施加预紧。

2）定压预紧

定压预紧是一种利用螺旋弹簧、碟形弹簧等对轴承施加预紧的方法，在使用中即使轴承相对位置发生变化，预紧力也可大致保持不变，如图 1-6 所示。

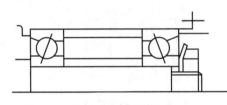
图 1-5　定位预紧

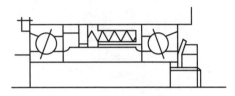
图 1-6　定压预紧

7. 轴承的安装

轴承安装的正确性，直接影响着轴承的精度、寿命和性能。无论性能、精度多么高的轴承，只需使用方法不当，就不能完全发挥其作用。轴承的正确安装顺序如下。

1）轴承的清洗

轴承清洗的步骤如下：

（1）选择煤油或汽油作为清洗液；

（2）将清洗槽按粗洗和精洗分开，并分别在槽底垫上金属网，使轴承不直接接触清洗槽内的脏物；

（3）在粗洗槽内，尽量避免转动轴承，用刷子大体清除附着在轴承表面上的脏物即可，完成后再放到精洗槽中；

（4）在精洗槽中，将轴承轻轻转动来回进行清洗；

（5）清洗后填充润滑脂。

2）检查相关部件的尺寸

主要检查轴和轴承座、隔圈的尺寸。

（1）检查轴和轴承座。要注意检查是否清洗干净，轴承及隔圈表面不允许存在伤痕、毛刺和毛边，并确认轴和轴承座的尺寸与轴承内外径的公差是否配合。

（2）检查隔圈。主轴上配置的隔圈平行度应控制在 0.003 mm 以内，否则会使轴承倾斜，导致精度不良、发出噪声等问题。

3）轴承的安装

轴承的安装方法因轴承形式、配合条件的不同而不同，主要有压入法、热装法和冷缩法。

（1）压入法。

滚动轴承的装配大多为较小的过盈配合，一般用手锤或压力机进行压装。为了使轴承圈压力均匀，需在使用垫套之后加压。如图 1-7 所示，将垫块顶住内圈，用压力机缓缓地压至内圈端面与轴肩紧贴。若将外圈顶住垫块安装内圈，会造成滚道上的压痕或压伤，所以绝对禁止这么操作。

非分离型轴承（如深沟球轴承）的内、外圈都需要过盈安装，此时需用螺杆或油压，在使用垫块后将内、外圈同时压入，如图 1-8 所示。调心球轴承外圈易倾斜，即使不是过盈配合，最好也使用垫块安装。

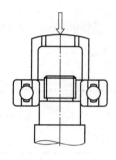 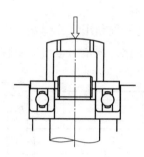

图 1-7　内圈压入　　　　　　　　图 1-8　内、外圈同时压入

分离型轴承如圆柱滚子轴承、圆锥滚子轴承，可以将内、外圈分别安装到轴和轴承座上。在将安装好的内圈和外圈结合时，要求对准后稳稳地合拢，防止二者中心偏离，强行压入会造成滚道面擦伤。

（2）热装法。

过盈量大的轴承，压入时需要很大的力。因此，一般采用热装法，即将轴承内圈加热膨胀，再装到轴上。使用这种方法安装时，不会出现受力不当的情况，可缩短操作时间。热装法操作需要注意的是，轴承加热不可超过 120 ℃；为使轴承不接触油槽底部，应将轴承放在金属网架上或吊起；为了防止操作中因内圈温度下降而造成安装困难，加热轴承时应比所需温度高出 20 ℃ ~30 ℃；安装后，轴承冷却，宽度方向也会收缩，所以要用轴螺母或其他合适的方法将其锁紧，以防内圈与轴承挡肩之间产生间隙。

（3）冷缩法。

冷缩法适用于过盈量大的轴承，且冷却温度不低于 -80 ℃。

在安装轴承时，应根据轴承形式、配合条件的不同合理选用安装方法。对于角接触球轴承，安装时应注意以下事项。

①角接触球轴承因其结构上的原因，单个轴承只可承受一个方向的负荷，因此安装时应使外界负荷只施加于可承受负荷的一侧。

②配对轴承组装时，按轴承装配标志 V 形记号和高点标记组装，如图 1-9 所示。

4）运转检查

轴承安装结束后，为了检查安装是否正确，要进行运转检查。检查的内容有：因异物、伤痕、压痕而造成的运转不畅；因安装不良，安装座加工不良而产生的力矩不稳定；由于游隙过小、安装误差、密封摩擦而引起的力矩过大等。如无异常则可以开始动力运转。

图 1 – 9　角接触球轴承上 V 形装配标志

　　小型机械可以手动旋转，以确认是否旋转顺畅。大型机械不能手动旋转，所以空载启动后立即切断动力，机械空转，检查有无振动、噪声、旋转部件是否有接触等，确认无异常后，进入动力运转。

　　动力运转从空载低速开始，缓缓提高至所定条件的额定运转，整个过程称为试运转。试运转中的检查内容有：是否有异常声响，轴承温度的变化异常和润滑剂的泄漏或变色等。如果发现异常，应立即中止运转，检查机械，必要时要拆下轴承检查。

　　轴承温度从运转开始逐渐升高，通常 1 ~ 2 h 后温度达到稳定。如果轴承安装不良，温度会急剧上升，出现异常高温。造成高温的原因有：润滑剂过多、轴承游隙过小、安装不良、密封装置摩擦过大等。此外，在轴承高速旋转时，轴承结构、润滑方式的错误选择等也是其原因之一。

　　轴承转动时若有较强的金属噪声、异音、不规则音等异常情况，可能原因有润滑不良、轴或轴承座精度不良、轴承损伤、异物侵入等。

【任务实施】

　　1. 装配前准备工作

　　（1）清理、清洗零件。

　　全部零件（包括箱体、主轴、轴承、传动零件、调整零件、法兰盘零件、锁紧零件、密封件）都应进行清洗。对于新零件不仅要清除表面上的污物，还要检查表面的磕碰划伤；对于维修中拆卸下的零件应检查其磨损痕迹、表面裂纹和砸伤缺陷等，清洗后再决定零件是否使用、修理或更换。必须重视再用零件或新换件的清理，要清除由于零件在使用中或者加工中产生的毛刺（如齿轮的圆倒角部分、轴类零件的螺纹部分、孔轴滑动配合件的孔口部分等，都必须清理掉毛刺、毛边以便于装配工作的进行）。零件清理工作必须在清洗过程中进行；零件清洗后必须吹干；当清洗箱体零件时，必须清除箱内残存磨屑、漆片、灰砂、油污等。

　　（2）测量主轴箱体孔径和轴承外径。

　　（3）测量各个隔套的平行度。

　　（4）测量各轴轴径和轴承内径。

　　（5）记录各轴、孔与轴承的配合情况。

2. 配磨主轴箱法兰盖

配磨主轴箱法兰盖示意如图 1 – 10 所示。

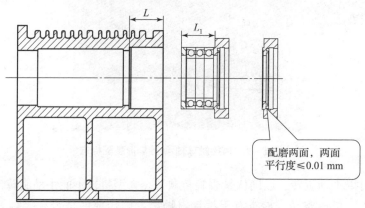

配磨两面，两面
平行度≤0.01 mm

图 1 – 10　配磨主轴箱法兰盖示意

需保证（$L_1 - L$）在 0.01 ~ 0.03 mm 范围内，即轴承内径≤130 mm；（$L_1 - L$）在0.03 ~ 0.05 mm 范围内，即轴承内径 130 ~ 300 mm。

3. 主轴箱组件动平衡

进行动平衡操作前，应提前开启动平衡机 15 ~ 30 分钟，以确保动平衡机已经到达稳定的测量状态；做动平衡的主轴组件的各个零件相对应位置应做相同标识；当转子在平衡机上大幅振动时，必须停止测量工作，这可能是机器部件松动或转子驱动轴关节处损坏引起的，必须检查、修复后再进行动平衡操作。主轴箱组件动平衡操作如图 1 – 11 所示。

图 1 – 11　主轴箱组件动平衡操作

4. 主轴装配

主轴装配的步骤如下：

（1）将配磨好的法兰盘套在主轴上；

（2）将加热好的前轴承逐个装在主轴上；

（3）安装隔套、挡油环；

（4）将加热后的后轴承装在主轴上；

（5）将挡油环、螺母环依次装到主轴上，控制螺母锁紧力矩拧紧螺母，主轴螺母锁紧力矩如表 1 -3 所示。

表 1 - 3　主轴螺母锁紧力矩

公称轴承内径/mm	20	25	30	35	40	45	50	55	60	65	70	75	80	85
螺距紧固力矩/N·m	17	21	25	57	64	72	80	132	142	153	166	176	251	267
公称轴承内径/mm	90	95	100	105	110	120	130	140	150	160	170	180	190	200
螺距紧固力矩/N·m	281	296	311	327	343	371	403	649	695	745	796	841	886	932

（6）将前序主轴组件装到主轴箱体内，法兰盘与主轴箱结合面 0.02 mm 塞尺可入，但间隙不得大于 0.03 mm。

5. 主轴箱装配精度检验

手动低速旋转主轴，在每个位置至少转动两转进行检验，并记录数值；拔出检验棒，使检验棒相对主轴沿同一方向转动 90°，再插入检验棒重复上述检验；每转 90°重复检验 1 次，至少重复检验 4 次，偏差以测量结果的平均值计。应达到如下要求：主轴的轴向窜动≤0.004 mm，主轴端部的卡盘定位锥面的径向跳动 ≤0.007 mm，主轴锥孔的径向跳动≤0.012 mm，主轴卡盘定位端面的跳动≤0.008 mm，主轴顶尖的跳动≤0.01 mm，主轴锥孔轴线的径向跳动（靠近主轴端部）≤0.012 mm、（距主轴端部 300 mm 处）≤0.016 mm。

6. 温升试验

使主轴转速从低至高逐级运转，每级转速的运转时间不少于 2 min，最高转速的运转时间不少于 1 h，到稳定温度后，检验主轴轴承的温升及主轴运转的噪声。应达到如下要求：轴承温度≤70 ℃、主轴轴承温升≤35 ℃、主轴运转的噪声≤83 dB、润滑脂有无泄漏和变色。

【任务拓展】

某工厂有一台 CAK6140 数控车床，采用齿轮变速传动，当运行速度达 1 200 r/min 时，主轴噪声明显增大，请分析其可能的故障原因。

任务 2　加工中心主传动系统的安装与调试

【任务目标】

（1）掌握加工中心主轴部件的结构。

（2）掌握刀杆拉紧装置的基本知识。

（3）掌握主轴准停装置的基本知识。

（4）能够根据技术要求完成加工中心主传动系统的安装与调试。

【任务描述】

某公司生产某一系列的加工中心，其主轴前端采用两个特轻系列角接触球轴承支承，两个轴承背靠背安装，主轴后端采用深沟球轴承支承，与前端组成一个相对于套筒的双支点单固式支承。现需要完成该机床主轴部件的安装与调试。

【任务准备】

一、资料准备

本任务所需的资料如下：
（1）该数控车床的使用说明书；
（2）该数控车床的维修说明书；
（3）该数控车床的主轴结构图。

二、工具、材料准备

本任务需要配备的工具和材料清单如表1-4所示。

表1-4 项目一任务2所需的工具和材料清单

类型	名称	规格	单位	数量
工具	内六角扳手	2~19 mm	套	1
	外六角扳手	8×10 mm、12×14 mm、16×18 mm、17×19 mm	套	1
	钩扳手	34~42 mm、45~52 mm、68~80 mm	把	3
	铜棒	φ50×150 mm	个	1
	主轴检验棒	0#~6#	套	1
	分体刀柄	BT40	个	1
	套筒扳手	8×10×12	把	1
	杠杆式千分表	0~0.6 mm (0.002 mm)	个	1
	磁力表座	385 mm	套	1
材料	轴承	根据实际情况选用	组	1
	干净棉纱	根据实际情况选用	块	2
	煤油或汽油	根据实际情况选用	桶	适量
	润滑脂	根据实际情况选用	桶	适量

三、知识准备

1. 主轴结构

加工中心的主轴部件结构如图 1 – 12 所示。

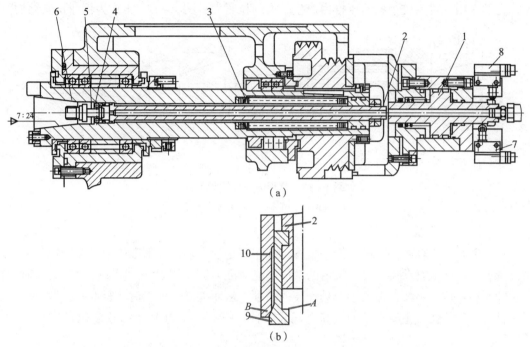

（a）

（b）

1—活塞；2—拉杆；3—碟形弹簧；4—钢球；5—标准拉钉；6—主轴；
7、8—行程开关；9—弹力卡爪；10—卡套；A—结合面；B—锥面。

图 1 – 12　加工中心的主轴部件结构

（a）主轴部件结构；（b）刀杆拉紧机构

加工中心的常用刀柄采用 7∶24 的大锥度锥柄与主轴锥孔配合，既有利于定心，也方便松夹。标准拉钉拧紧在刀柄上，当放松刀具时，液压油进入液压缸活塞的右端使活塞左移，继而推动拉杆左移，同时碟形弹簧被压缩，钢球随拉杆一起左移，当钢球移至主轴孔径较大处时，便松开拉钉，机械手即可把刀柄连同标准拉钉从主轴锥孔中取出。夹紧刀具时，活塞右端无油压，螺旋弹簧使活塞退到最右端，拉杆在碟形弹簧的作用下向右移动，钢球被迫收拢，卡紧在拉杆的环槽中，拉杆通过钢球把拉钉向右拉紧，使刀柄外锥面与主轴锥孔内锥面相互压紧，刀具随刀柄一起被夹紧在主轴上。行程开关用于发出夹紧和放松刀柄的信号。刀具夹紧机构使用碟形弹簧夹紧、液压放松，可防止突然停电造成的刀柄自行脱落。

自动清除主轴孔中的切屑和灰尘是换刀操作中一个不容忽视的问题。活塞的心部钻有压缩空气通道，当活塞向左移动时，压缩空气经过活塞由主轴孔内的空气嘴喷出，即可将锥孔清理干净。为了提高吹屑效率，喷气小孔要有合理的喷射角度，并均匀分布。

用钢球拉紧标准拉钉，这种拉紧方式的缺点是接触应力太大，易将主轴孔和标准拉钉压变形。卡套与主轴是固定在一起的，当卡紧刀具时，拉杆带动弹力卡爪上移，弹力卡爪下端的外周是锥面 B，锥面 B 与卡套的锥孔配合，使弹力卡爪收拢，卡紧刀杆。当松开刀具时，拉杆带动弹力卡爪下移，锥面 B 使弹力卡爪放松，使刀杆从弹力卡爪中退出。这种卡爪与

刀杆的结合面 *A* 与拉力垂直，故卡紧力较大；且卡爪与刀杆为面接触，接触应力较小，不易压溃刀杆。目前，采用这种刀杆拉紧机构的加工中心逐渐增多。

2. 刀杆拉紧装置

常用的刀杆拉紧装置如图 1-13 所示。其中，图 1-13 （a）为弹力卡爪结构，它有放大拉力的作用，可用较小的液压推力产生较大的拉紧力；图 1-13 （b）为钢球拉紧结构。

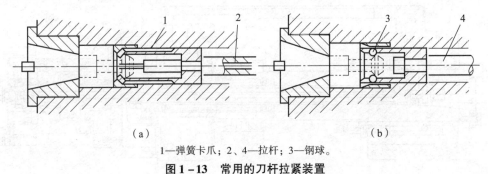

（a）   （b）

1—弹簧卡爪；2、4—拉杆；3—钢球。

图 1-13　常用的刀杆拉紧装置

（a）弹力卡爪结构；（b）钢球拉紧结构

3. 主轴准停装置

加工中心的主轴部件上设有准停装置，其作用是使主轴每次都准确地停在固定不变的周向位置上，以保证自动换刀时主轴上的端面键能对准刀柄上的键槽，同时使每次装刀时刀柄与主轴的相对位置不变，提高了刀具安装的精度，从而提高孔加工时孔径的一致性。

目前，准停装置主要有机械式和电气式两种。图 1-14 为 V 形槽轮定位盘的机械式准停装置。

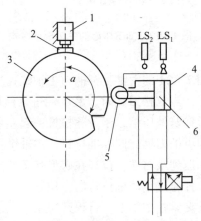

1—无触点开关；2—感应块；3—V 形槽轮定位盘；4—定位液压缸；5—定向滚轮；6—定向活塞。

图 1-14　V 形槽轮定位盘的机械式准停装置

V 形槽轮定位盘的机械式准停装置是在主轴上固定一个 V 形槽定位盘，使 V 形槽与主轴上的端面键保持一定的相对位置关系。其工作原理：准停前主轴必须是处于停止状态，当接收到主轴准停指令后，主轴箱内齿轮换挡使主轴以低速旋转，时间继电器开始动作，并延时 4~6 s，保证主轴转动稳定后接通无触点开关的电源。当主轴转到图 1-14 所示位置，即 V 形槽轮定位盘上的感应块与无触点开关相接触后发出信号时，主轴电动机停转并断开主传动链，主轴因惯性继续转动。另一延时继电器延时 0.2~0.4 s 后，压力油进入定位液压缸右腔，使定向活塞向左移动，当定向活塞上的定向滚轮顶入定位盘的 V 形槽内时，行程开关 LS$_2$ 发出信号，主轴准停完成。当重新启动主轴时，需先让压力油进入定位液压缸左腔，使活塞杆向右移，当活塞杆向右移到位时，行程开关 LS$_1$ 发出信号，表明定向滚轮退出凸轮定位盘的 V 形槽了，此时主轴可以启动工作。

　　虽然机械准停装置比较可靠，但其结构较复杂。现代数控机床一般都采用电气式主轴准停装置，只要数控系统发出指令，主轴就可以准确地进行准停。图 1-15 为磁传感器检测定向的电气式主轴准停装置，该装置在主轴上安装有永久磁铁，可以与主轴一起旋转，在距离永久磁铁旋转轨迹外 1~2 mm 处，固定有一个磁传感器。当机床主轴需要停转换刀时，CNC 系统发出主轴停转的指令，主轴电动机立即降速，使主轴以很低的转速回转，当永久磁铁对准磁传感器时，磁传感器发出准停信号，此信号经放大后，由定向电路使电动机准确地停止在规定的周向位置上。这种准停装置机械结构简单，永久磁铁与磁传感器之间没有接触摩擦，准停的定位精度可达 1°，能满足一般换刀要求，而且准停时间短，可靠性较高。

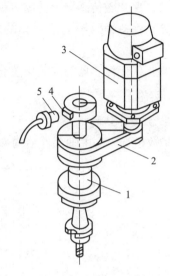

1—主轴；2—同步齿形带；3—主轴电动机；
4—永久磁铁；5—磁传感器。

**图 1-15　磁传感器检测定向的
电气式主轴准停装置**

　　除了磁传感器检测定向的电气式准停装置外，还可利用编码器实现主轴准停，如图 1-16 所示。其方法是通过主轴电动机内置安装的位置编码器或在机床主轴箱上安装一个与主轴 1:1 同步旋转的位置编码器来实现准停控制，准停角度可任意设定。主轴驱动装置内部可自动转换，使主轴驱动处于速度控制或位置控制状态。

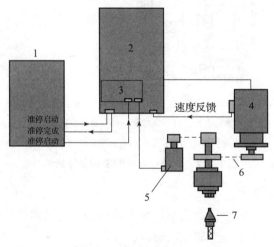

1—数控系统；2—主轴驱动；3—准停板；4—主轴电动机；5—编码器；6—传送带；7—横刀具。

图 1-16　编码器检测定向的电气式主轴准停装置

　　无论采用何种准停方案，在主轴上安装元件时应注意动平衡问题，因为数控机床的精度很高，转速也很高，所以对动平衡要求严格。对中速以上的主轴来讲，轻度动不平衡不会引起太大的问题；但对于高速主轴来说，则会引起主轴振动。

4. 主轴准停装置的维护

对于主轴准停装置的维护，主要包括以下 4 个方面：

（1）经常检查插件和电缆有无损坏，并使它们保持接触良好；

（2）保持磁传感器上的固定螺栓和连接器上的螺钉紧固；

（3）保持编码器上连接套的螺钉紧固，并保证编码器连接套与主轴连接部分的合理间隙；

（4）保证传感器的安装位置合理。

【任务实施】

1. 主轴部件的拆卸

某数控铣床的主轴部件结构如图 1 – 17 所示。

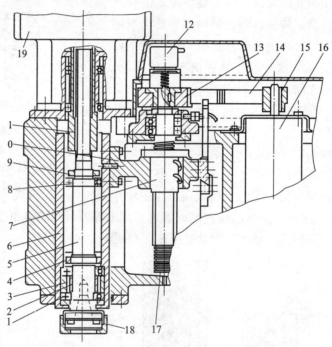

1—角接触球轴承；2、3—轴承隔套；4、9—圆螺母；5—主轴；6—主轴套筒；7—丝杠螺母；

8—深沟球轴承；10—螺母支承；11—花键套；12—脉冲编码器；13、15—同步带轮；

14—同步带；16—直流伺服电动机；17—丝杠；18—快换夹头；19—主轴电动机。

图 1 – 17　某数控铣床的主轴部件结构

主轴部件的拆卸步骤如下：

（1）切断总电源、脉冲编码器、直流伺服电动机、主轴电动机等的电气线路；

（2）拆下主轴电动机法兰盘上的连接螺钉；

（3）拆下主轴电动机及花键套等部件（根据具体情况，也可不拆此部分）；

（4）拆下罩壳螺钉，卸掉上罩壳；

（5）拆下丝杠座螺钉；

（6）拆下螺母支承与主轴套筒的连接螺钉；

（7）向右移动丝杠螺母和螺母支承等部件，卸下同步带和螺母支承处与主轴套筒连接的定位销；

（8）卸下主轴部件；

（9）拆下主轴部件前端法兰和油封；

（10）拆下主轴套筒；

（11）拆下圆螺母；

（12）拆下角接触球前、后轴承，以及轴承隔套；

（13）卸下快换夹头。

注意：拆卸后的零件、部件应进行清选和防锈处理，并妥善保管存放。

2. 主轴部件的装配

装配顺序可大体按拆卸顺序进行逆向操作，操作过程中应注意以下4点：

（1）为保证主轴工作精度，应注意调整好预紧螺母的预紧量；

（2）角接触球前、后轴承应保证有足够的润滑油；

（3）螺母支承与主轴套筒的连接螺钉要充分旋紧；

（4）为保证脉冲编码器与主轴同步的精度，装配时应保证同步带合理的张紧量。

【任务拓展】

某加工中心，采用外置编码器实现主轴准停控制，换刀时主轴不能准停，致使换刀过程中断，请分析可能的故障原因。

相 关专业英语词汇

MT（machine tool）——机床

spindle——主轴

pulse coder——编码器

bearing——轴承

orientation——定向

chain——传动链

warrant stop of spindle——主轴准停

magnetic sensor——磁传感器

Machining Center——加工中心

clamping——装夹

handbook——手册

项目二　数控机床进给系统的安装与调试

项目引入

数据机床组给系统主要用于实现执行机构（刀架、工作台等）的运动。大部分数控机床的进给传动系统是由伺服电动机经过联轴器与滚珠丝杠直接相连，然后由滚珠丝杠副驱动工作台运动。数控机床进给系统中的机械传动装置具有高寿命、高刚度、无间隙、高灵敏度和低摩擦阻力等特点，是位置控制中的重要环节，也是影响数控机床位置精度的重要因素。本项目主要包括数控机床滚珠丝杠副的安装与调试、数控机床导轨的安装与调试任务。通过完成上述工作任务，学生能够具备数控机床进给系统的安装与调试能力。

项目要求

（1）掌握数控机床进给系统的组成及结构。
（2）能够分析数控机床进给系统结构图。
（3）掌握数控机床进给系统的安装与调试要点。
（4）能够根据控制要求完成数控机床进给系统的安装与调试。

项目内容

任务1　数控机床滚珠丝杠副的安装与调试
任务2　数控机床导轨的安装与调试

任务1　数控机床滚珠丝杠副的安装与调试

【任务目标】

（1）了解数控机床进给系统的结构组成及技术要求。
（2）掌握滚珠丝杠副的循环方式、间隙调整及安装。
（3）掌握滚珠丝杠安装的技术要点。
（4）能够根据技术要求完成滚珠丝杠的安装与调试。

【任务描述】

某公司生产某一系列数控车床，其滚珠丝杠的装配要求：滚珠丝杠副相对于运动部件不能有轴向窜动；螺母座中心孔与丝杠同心；滚珠丝杠副中心线在两个方向上与导轨平行；能方便地进行间隙调整和丝杠的预拉伸。现需要完成该机床滚珠丝杠副的安装与调试。

【任务准备】

一、资料准备

本任务需要的资料如下：
（1）该数控机床的使用说明书；
（2）该数控机床的维修说明书；
（3）该数控机床的进给传动结构图。

二、工具、材料准备

本任务需要的工具和材料清单如表 2 - 1 所示。

表 2 - 1　项目二任务 1 所需的工具和材料清单

类型	名称	规格	单位	数量
工具	内六角扳手	2 ~ 19 mm（14 pcs）	套	1
	外六角扳手	8 × 10 mm、12 × 14 mm、16 × 18 mm、17 × 19 mm	套	1
	钩形扳手	34 ~ 42 mm、45 ~ 52 mm、68 ~ 80 mm	把	3
	铜棒	$\Phi 50 \times 150$ mm	个	1
	轴承垫套	$\Phi 62 \times 100$ mm，$\Phi 40 \times 100$ mm	件	1
	千分表	0 ~ 0.6 mm（0.002 mm）	个	1
	磁力表座	385 mm	套	1
材料	轴承	根据实际情况选用	组	1
	干净棉纱	根据实际情况选用	块	2
	煤油或汽油	根据实际情况选用	升	适量
	润滑脂	根据实际情况选用	桶	适量

三、知识准备

1. 数控机床进给系统

数控机床进给系统主要由伺服电动机、联轴器、减速机构、滚珠丝杠副、丝杠轴承、运动部件（床鞍、横向溜板、刀架、工作台等）及检测元件等组成。数控机床的进给运动是数字控制的直接对象，其传动装置的精度、灵敏度和稳定性，将直接影响工件的加工精度。因此，数控机床的进给系统必须满足下列要求。

1）传动刚度高

从机械结构方面考虑，进给传动系统的传动精度和刚度主要取决于传动间隙、丝杠螺母副、蜗轮蜗杆副及其支承结构的精度和刚度。刚度不足会导致工作台（或拖板）产生爬行和振动。加大丝杠直径，对丝杠螺母副、支承部件、丝杠本身施加预紧力，是提高进给传动系统刚度的有效措施。传动间隙主要来自传动齿轮副、丝杠螺母副及其支承部件，因此，可通过施加预紧力或其他消除间隙的措施来提高进给传动系统的精度，如缩短传动链及采用高精度的传动装置等。

2）摩擦阻力小

为提高数控机床进给系统快速响应的性能，必须减小运动件之间的阻力和动、静摩擦力之差。在数控机床进给系统中，普遍采用滚珠丝杠副、静压丝杠螺母副、滚动导轨、静压导轨和塑料低摩擦导轨来减小摩擦阻力。

3）惯量低

传动部件的惯量对伺服机构的启动和制动特性都有影响，尤其是对高速运转的零部件，其惯量的影响更大。因此在满足部件强度和刚度的前提下，应尽可能减小运动部件的质量，以及旋转零件的直径和重量，以降低运动部件的惯量。

2. 滚珠丝杠副

在数控机床的进给传动系统中，采用滚珠丝杠副可将旋转运动转换为直线运动。滚珠丝杠副是一种在丝杠和螺母间装有滚珠作为中间元件的丝杠副，其原理图和实物图如图 2-1（a）（b）所示。在丝杠和螺母上加工有一弧形的螺旋槽，当它们套装在一起时形成了螺旋滚道，滚道内装满了滚珠。当丝杠相对螺母旋转时，两者发生轴向位移，而滚珠则沿着滚道滚动，螺母螺旋槽的两端用回珠管连接起来，使滚动能周而复始地循环运动，管道的两端还起着挡珠的作用，以防滚珠沿滚道滚出。

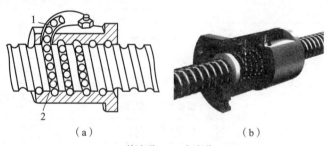

（a） （b）

1—外滚道；2—内滚道。

图 2-1 滚珠丝杠副

（a）原理图；（b）实物图

由于滚珠丝杠具有传动效率高、运动平稳、寿命高，以及可以消除间隙、提高系统静刚度等特点，因此，除了大型数控机床因移动距离大而采用齿条或蜗杆外，各类中、小型数控机床的直线运动进给系统普遍采用滚珠丝杠。

数控机床进给系统所使用的滚珠丝杠必须具有可靠的轴向间隙消除结构、合理的安装结构和有效的防护装置。

1）滚珠丝杠副的循环方式

滚珠丝杠副常用的循环方式有内循环与外循环。滚珠在循环过程中，若有时与丝杠脱落接触，则称为外循环式滚珠丝杠，如图 2 - 2 所示；若一直与丝杠保持接触，则称为内循环式滚珠丝杠。

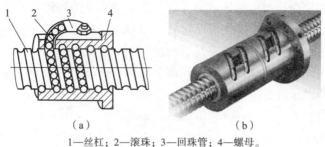

（a）　　　　　　　　　　　（b）

1—丝杠；2—滚珠；3—回珠管；4—螺母。

图 2 - 2　外循环式滚珠丝杠

（a）原理图；（b）实物图

外循环式滚珠丝杠由丝杠、滚珠、回珠管和螺母组成，丝杠和螺母上加工有圆弧形螺旋槽，将它们套装起来便形成螺旋形滚道，滚道内装满滚珠。当丝杠相对于螺母旋转时，丝杠的旋转面经滚珠推动螺母进行轴向移动，同时滚珠沿螺旋形滚道滚动，使丝杠和螺母之间的滑动摩擦转变为滚珠与丝杠、螺母之间的滚动摩擦。螺母螺旋槽的两端用回珠管连接起来，使滚珠能够从一端重新回到另一端，构成一个闭合的循环回路。外循环式滚珠丝杠因结构制造工艺简单而被广泛使用，其缺点是滚道接缝处很难做平滑，影响滚珠滚动的平稳性，甚至发生卡珠现象，噪声也较大。

内循环式滚珠丝杠采用反向器实现滚珠循环，反向器有凸键反向器和扁圆镶块反向器两种形式。图 2 - 3 为采用凸键反向器的内循环式滚珠丝杠，其螺母的侧孔中装有圆柱凸轮式反向器，其圆柱部分嵌入螺母内，圆柱面由上端的凸键定位，以保证对准螺纹滚道方向。反向器端部还铣有 S 形回珠槽，回珠槽 2 将相邻两螺纹滚道连接起来。滚珠从螺纹滚道进入反向器，借助反向器迫使滚珠越过丝杠牙顶进入相邻滚道，实现循环。内循环式滚珠丝杠的反向器具有结构紧凑、定位可靠、刚性好、不易磨损、返回接道短、不易发生滚珠堵塞、摩擦损失小等优点，其缺点是反向器结构复杂，制造较困难，且不能用于多头螺纹传动。

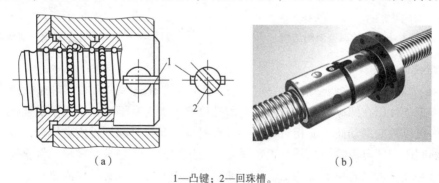

（a）　　　　　　　　　　　（b）

1—凸键；2—回珠槽。

图 2 - 3　内循环式滚珠丝杠

（a）原理图；（b）实物图

2）滚珠丝杠副间隙的调整

滚珠丝杠的传动间隙是指当丝杠和螺母无相对转动时，两者之间的最大轴向窜动量。除了本身的轴向间隙之外，还包括施加轴向负荷后，产生的弹性形变所造成的轴向窜动量。

滚珠丝杠副的轴向间隙直接影响其传动刚度和传动精度，尤其是反向传动精度。因此，通常采用预加负荷预紧的方法来减小弹性变形所带来的轴向间隙，保证反向传动精度和轴向精度。但过大的预加负荷会增加摩擦阻力，降低传动效率，缩短使用寿命，所以一般需要经过多次调整，以保证既消除间隙又能灵活运转。调整时除螺母预紧外，还应使丝杠安装部分和驱动部分的间隙尽可能小，并且具有足够刚度。

滚珠丝杠副轴向间隙调整和预紧的原理都是使两个螺母产生轴向位移，以消除它们之间的间隙。除少数使用微量过盈滚珠的单螺母结构消隙外，通常采用双螺母预紧方法消除，其结构形式有以下3种。

（1）垫片调隙法。

如图2-4所示，通过调整垫片的厚度使左右两螺母产生轴向位移，以此来消除间隙和产生预紧力。这种方法能精确调整预紧量，结构简单，工作可靠，但调整费时，滚道磨损时不能随时进行调整，并且调整的精度也不高，适用于精度一般的数控机床。

（2）齿差调隙法。

图2-5为双螺母齿差式调整消隙结构，两个螺母的凸缘上分别切出齿数差为1的两个齿轮，分别与两端相应的内齿轮相啮合，内齿轮紧固在螺母座上。预紧时齿轮脱开内齿圈，使两个螺母同向转过相同的齿数，然后再合上内齿圈。两螺母的轴向相对位移发生变化，从而实现间隙的调整和施加预紧力。虽然齿差调隙法较复杂，但调整起来比较方便，并可以获得精确的调整量，可实现定量精密微调，目前应用较广。

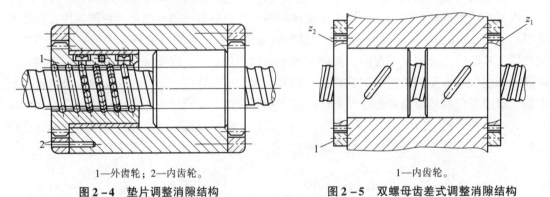

1—外齿轮；2—内齿轮。

图2-4 垫片调整消隙结构

1—内齿轮。

图2-5 双螺母齿差式调整消隙结构

（3）螺纹调隙法。

图2-6为双螺母螺纹调整消隙结构，左螺母4外端有凸缘，而右螺母是螺纹结构，用两个圆螺母把垫片压在螺母座上，左右螺母和螺母座上加工有键槽，采用平键连接，使螺母在螺母座内可以轴向滑动而不能相对转动。调整时，只要拧紧圆螺母使右螺母向右滑动，改变两螺母的间距，即可消除间隙并产生预紧力。右边的圆螺母是锁紧螺母，调整完毕后，将两个圆螺母并紧，可以防止螺母在工作中松动。这种调整方法具有结构简单、工作可靠、调整方便的优点，但调整预紧量不够准确。

滚珠丝杠的正确安装及其支承结构的刚度是影响数控机床进给系统传动刚度的重要因素。近年来，出现了一种滚珠丝杠专用轴承，其结构如图2-7所示。这是一种能够承受很大轴向力的特殊角接触球轴承，与一般角接触球轴承相比，接触角增大到60°，增加了滚珠的数目并相应减小滚珠的直径。这种新结构的轴承比一般轴承的轴向刚度提高两倍以上，使用极为方便。产品成对出售，并且在出厂时已经选配好内外圈的厚度，装配调试时只要用螺母和端盖将内环和外环压紧，就能获得出厂时已经调整好的预紧力，使用起来十分方便。

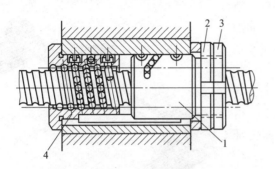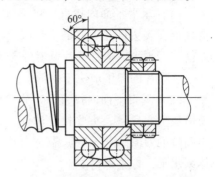

1—右螺母；2—调整螺母；3—锁紧螺母；4—左螺母。

图2-6　双螺母螺纹调整消隙结构

图2-7　滚珠丝杠专用轴承结构

3. 滚珠丝杠的安装

滚珠丝杠是数控机床驱动部件的重要组成部分，其精度直接影响机床的加工精度，如安装不正确，当滚珠丝杠工作时会发热，热应力会使丝杠伸长，使机床加工精度不稳定，并直接影响机床的使用寿命。丝杠的正确安装应注意以下5点：

（1）当滚珠丝杠在开箱清理时，应避免磕碰划伤；

（2）丝杠螺纹安装前要先清理干净，涂上少量润滑油后再安装锁紧螺母，避免丝母与丝杠安装过紧导致无法拆卸；

（3）锁紧螺母的安装必须遵守相关规定的扭力值，用专用工装来操作，避免敲击安装；

（4）长度比较大的滚珠丝杠搬运和起吊时应采用两点斜拉，避免滚珠丝杠弯曲变形；

（5）锁紧螺母和法兰盘不能一次安装到位，必须采用"锁紧—松开—锁紧"的方法安装。

【任务实施】

1. 滚珠丝杠装配的技术要求

滚珠丝杠装配示意如图2-8所示，在装配时应满足如下要求：滚珠丝杠副相对于运动部件不能有轴向窜动；螺母座中心孔与丝杠同心，如图2-9所示；滚珠丝杠副中心线在两个方向上与导轨平行；能方便地进行间隙调整和丝杠的预拉伸。

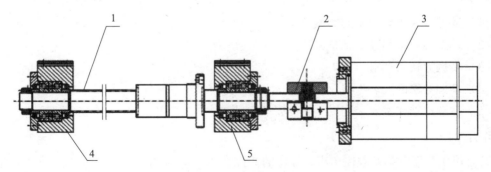

1—丝杠；2—联轴节；3—伺服电动机；4、5—轴承座。

图2-8　滚珠丝杠装配示意

2. 安装步骤

滚珠丝杠安装的步骤如下。

（1）水平平面内找直，将千分表固定在导轨滑块上，表头打在丝杠的上母线上，得出两端的差值。若不平，需加垫片（补正垫片）保证体系水平，垫片的厚度取决于差值。

（2）垂直平面内找直，千分表依然固定在导轨滑块上，只是表头要打在丝杠的侧母线上，得出两端的差值。若不平，需左右移动轴承座保证体系水平，拧紧螺钉。

（3）检测螺母安装端面的端面跳动，不大于0.02 mm为合格。

图2-9 轴承座与螺母座同心示意

（4）固定体系，配钻、配铰圆锥定位销孔。

（5）安装轴承座压盖，先安装一端，塞尺检验缝隙应不大于0.03 mm。若达不到要求，则需调整螺钉松紧，若再达不到要求，可修磨轴承座压盖，最后拧紧锁紧圆螺母（两个一组）。安装另一端的方法一样。

（6）对丝杠进行预拉伸。预拉伸的作用是补偿因工作升温引起的丝杠伸长，减小弹性形变，增加刚度，保证定位精度。

（7）复检。

（8）安装联轴器，保证电动机轴线与丝杠轴线同心。

【任务拓展】

某加工中心配备FANUC 0i-MD数控系统，伺服电动机与滚珠丝杠通过联轴器直接相连，运行1年后，发生Z轴加工尺寸不稳定，尺寸超差且无规律，并且无任何报警提示，请分析可能的故障原因。

任务2　数控机床导轨的安装与调试

【任务目标】

（1）掌握数控机床导轨的类型及结构。

（2）掌握导轨副间隙的调整方法。

（3）掌握导轨的润滑与防护。

（4）掌握导轨的安装步骤及方法。

（5）能够根据技术要求完成导轨的安装与调试。

【任务描述】

某公司生产某一系列数控车床，导轨的装配要求：导轨侧基准面与基体定位面相贴靠，0.02 mm的塞尺不入；导轨拼接处必须留有0.02~0.03 mm的间隙。现需要完成该机床导轨的安装与调试。

【任务准备】

一、资料准备

本任务需要的资料如下：

（1）该数控车床的使用说明书；

（2）该数控车床的维修说明书；

（3）该数控车床的拖板装配图。

二、工具、材料准备

本任务需要的工具和材料清单如表 2-2 所示。

表 2-2　项目二任务 2 需要的工具和材料清单

类型	名称	规格	单位	数量
工具	内六角扳手	2~19 mm	套	1
	外六角扳手	8×10 mm、 12×14 mm、 16×18 mm、 17×19 mm	套	1
	力矩扳手	单头扳手	个	1
	螺丝刀	一字	套	1
	螺丝刀	十字	套	1
	千分表	0~0.6 mm （0.002 mm）	个	1
	磁力表座	385 mm	套	1
材料	干净棉纱	根据实际情况选用	块	2
	油石	180×60×28	块	1

三、知识准备

1. 数控机床导轨

数控机床的运动部件都是沿着它的床身、立柱、横梁等部件上的导轨而运行，导轨起支承和导向的作用，其质量对机床的刚度、加工精度和使用寿命有很大的影响。数控机床的导轨比普通机床的导轨要求更高，即在高速进给时不发生振动，低速进给时不出现爬行，且灵敏度要高，耐磨性要好，可在重负荷下长期连续工作，精度保持性好等，这就要求导轨副具有良好的摩擦特性。现代数控机床采用的导轨主要有带有塑料层的滑动导轨、滚动导轨和静压导轨，下面分别加以介绍。

1）滑动导轨

带有塑料层的滑动导轨具有摩擦系数低，且动、静摩擦系数差值小；减振性好，具有良好的阻尼性；耐磨性好，有自润滑作用；结构简单、维修方便、成本低等特点。滑动导轨如图 2 - 10 所示。

数控机床采用的带有塑料层的滑动导轨有"铸铁—塑料"滑动导轨和嵌钢—塑料滑动导轨。塑料层滑动导轨常作为导轨副中活动的导轨，与之相配的金属导轨则采用铸铁或钢质材料。根据加工工艺不同，带有塑料层的滑动导轨可分为注塑导轨和贴塑导轨，导轨上的塑料常用环氧树脂耐磨涂料和聚四氟乙烯导轨软带。

注塑导轨的优点有注塑层塑料附着力强，具有良好的可加工性，可以进行车、铣、刨、钻、磨削和刮削加工；具有良好的耐磨性，且摩擦系数小，在无润滑油的情况下仍有较好的润滑和防爬行的效果；抗压强度比聚四氟乙烯导轨软带要高，固化时体积不收缩，且尺寸稳定等。此外，还可在调整好固定导轨和运动导轨间相关位置的精度后注入塑料，可以节省很多加工工时，特别适用于重型机床和不能用导轨软带的复杂配合型面。

贴塑导轨是在导轨滑动面上贴一层抗磨的塑料软带，与之相配的导轨滑动面需经淬火和磨削加工。软带以聚四氟乙烯为基础，添加合金粉和氧化物制成，并可切成任意大小和形状，用胶黏剂粘接在导轨基面上。

2）滚动导轨

滚动导轨的特点是：摩擦系数小（一般为 0.002 5 ~ 0.005），动、静摩擦系数基本相同，启动阻力小，不易产生冲击，低速运动稳定性好；定位精度高，运动平稳，微量移动准确；磨损小，精度保持性好，寿命长；但是抗振性差，防护要求较高，结构复杂，制造较困难，成本较高。现代数控机床常采用的滚动导轨有滚动导轨块和直线滚动导轨两种。滚动导轨如图 2 - 11 所示。

图 2 - 10　滑动导轨

图 2 - 11　滚动导轨

滚动导轨块是一种以滚动体作循环运动的滚动导轨，其结构如图 2 - 12 所示。在使用时，滚动导轨块安装在运动部件的导轨面上，每一导轨至少用两块，导轨块的数目与导轨的长度和负载的大小有关，与之相配的导轨多用镶钢淬火导轨。当运动部件移动时，滚柱在支承部件的导轨面与本体之间滚动，同时又绕本体循环滚动，滚柱与运动部件的导轨面不接触，所以运动部件的导轨面不需淬硬磨光。滚动导轨块的特点是刚度高，承载能力大，便于拆装。

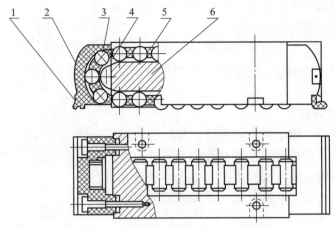

1—防护板；2—端盖；3—滚柱；4—导向片；5—保持器；6—本体。

图 2 - 12　滚动导轨块的结构

　　直线滚动导轨的结构如图 2 - 13 所示，主要由导轨体、滑块、滚珠、保持器、端盖等组成。由于它将支承导轨和运动导轨组合在一起，作为独立的标准导轨副部件由专门的生产厂家制造，故又称为单元式直线滚动导轨。当使用时，导轨体固定在不运动的部件上，滑块固定在运动部件上。当滑块沿导轨体运动时，滚珠在导轨体和滑块之间的圆弧直槽内滚动，并通过端盖内的暗道从工作负载区滚动到非工作负载区，然后再滚动回工作负载区，不断循环，从而把导轨体和滑块之间的滑动，变成了滚珠的滚动。

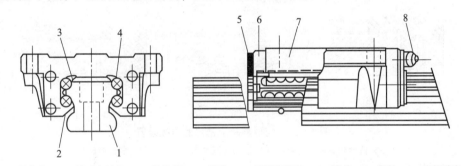

1—导轨体；2—侧面密封垫；3—保持器；4—滚珠；5—端部密封垫；6—端盖；7—滑块；8—润滑脂杯。

图 2 - 13　直线滚动导轨的结构

　　3）静压导轨

　　静压导轨的滑动面之间开有油腔，将有一定压力的油通过节流器输入油腔，形成压力油膜，运动部件因受浮力而浮起，从而使导轨工作表面处于纯液体摩擦，不产生磨损，精度保持性好。静压导轨工作原理如图 2 - 14 所示，来自液压泵的压力油，其压力为 P_0，经节流器，压力降至 P_1，进入导轨面，使导轨面和动导轨间以一层厚度为 h_0 的油膜隔开，油腔中的油不断地穿过各封油间隙流回油箱，压力降为 0。当动导轨受到外负荷 W 作用时，会向下产生一个位移，导轨间隙由 A_0 降至 A_1，使油腔回油阻力增大，油压随之增大，以平衡负载，使导轨仍在纯液体摩擦下工作。

　　静压导轨的摩擦系数极低（0.000 5），从而使驱动功率大为降低，其优点是运动不受速度和负载的限制，低速无爬行，承载能力大，刚度好；油液有吸振作用，抗振性好，导轨摩擦发热也小。其缺点是结构复杂，需要配备供油系统，油的清洁度要求高，多用于重型机床。

此外，还有以空气为介质的空气静压导轨，也称为气浮导轨，其摩擦力极小，有很好的冷却作用，可以减小热变形。

2. 导轨副间隙调整

导轨副很重要的一项维护工作是保证导轨面之间具有合理的间隙，若间隙过小，则摩擦阻力大，会导致导轨磨损加剧；若间隙过大，则运动失去准确性和平稳性，失去导向精度。下面介绍几种导轨副间隙的调整方法。

1）压板调整间隙

图 2-15 为矩形导轨上常用的几种压板装置。压板用螺钉固定在动导轨上，常用钳工配合刮研及选用调整垫片、平镶条等机构，使导轨面与支承面之间的间隙均匀，达到规定的接触点数。对于图 2-15（a）所示的压板结构，如间隙过大，应修磨和刮研 B 面；间隙过小或压板与导轨压得太紧，则可刮研或修磨 A 面；图 2-15（b）采用镶条式调整间隙；图 2-15（c）采用垫片式调整间隙。

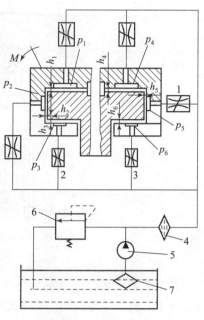

1—固定节流阀；2、3—可调节流阀；
4、7—过滤器；5—液压泵；6—溢流阀。

图 2-14　静压导轨工作原理图

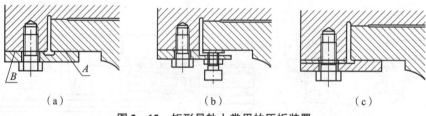

（a）	（b）	（c）

图 2-15　矩形导轨上常用的压板装置

（a）修磨刮研调整间隙；（b）镶条式调整间隙；（c）垫片式调整间隙

2）镶条调整间隙

图 2-16（a）为一种全长厚度相等、横截面为平行四边形（用于燕尾形导轨）或矩形的平镶条，通过侧面的螺钉和螺母来调节和锁紧，以其横向位移调整间隙。由于收紧力不均匀，故在螺钉的着力点有挠曲。图 2-16（b）为一种全长厚度变化的斜镶条及 3 种用于斜镶条的调节螺钉，以斜镶条的纵向位移来调整间隙。斜镶条在全长上支承，其斜度为 1∶40 或 1∶100，由于锲形的增压作用会产生过大的横向压力，因此调整时应格外仔细。

3）压板镶条调整间隙

如图 2-17 所示，T 形压板用螺钉固定在运动部件上，运动部件内侧和 T 形压板之间放置斜镶条，从而使镶条在高度方向上做成倾斜。调整时，借助压板上几个推拉螺钉，使镶条上下移动，从而调整间隙。三角形导轨的上滑动面能自动补偿，下滑动面的间隙调整与矩形导轨的下压板调整底面间隙的方法相同；圆形导轨的间隙不能调整。

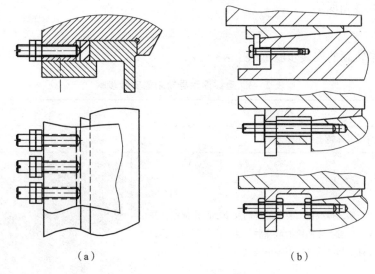

（a）　　　　　　　　　　　　　（b）

图 2 - 16　镶条调整间隙

（a）等厚度镶条；（b）斜镶条

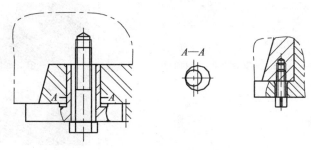

图 2 - 17　压板镶条调整间隙

3. 导轨的润滑与防护

导轨面进行润滑后，可降低其摩擦系数，减少磨损，并且可防止锈蚀。导轨常用的润滑剂有润滑油和润滑脂，滑动导轨用前者，滚动导轨两者都可以用。

1）润滑方法

导轨最简单的润滑方法是人工定期加润滑油，这种方法虽然比较简单、成本低，但不可靠，一般用于调节辅助导轨及运动速度低、工作不频繁的滚动导轨。对运动速度较高的导轨大多采用润滑泵，以压力强制润滑，不但可供油给导轨进行润滑，还可利用油的流动对导轨表面进行冲洗和冷却。为实现强制润滑，必须有专门的供油系统。

2）对润滑油的要求

当工作温度变化时，润滑油黏度变化要小，且要保持良好的润滑性能和足够的油膜刚度，油中杂质要尽量少且不侵蚀机件。常用的全损耗系统用油有 L - AN10、L - AN15、L - AN32、L - AN42、L - AN67，精密机床导轨油 L - TSA32、L - TSA46 等。

为了防止切屑、磨粒或冷却液散落在导轨面上而引起磨损、擦伤和锈蚀，导轨面上应有可靠的防护装置，常用的有刮板式、卷帘式和叠层式防护罩，大多用于长导轨上。此外，在机床使用过程中应防止损坏防护罩，对于叠层式防护罩应经常用刷子蘸机油清理其移动接缝，以避免产生碰壳现象。

【任务实施】

直线滚动导轨副的安装步骤如表2-3所示。

表2-3 直线滚动导轨副的安装步骤

序号	操作步骤	示意图
1	安装前拭去导轨上的防锈油	图略
2	使用油石磨掉底座安装面的毛刺及微小凸出部位，并用布擦干净。注意：将防锈油清除后，基准面较容易生锈，所以建议涂抹上黏度较低的主轴用润滑油	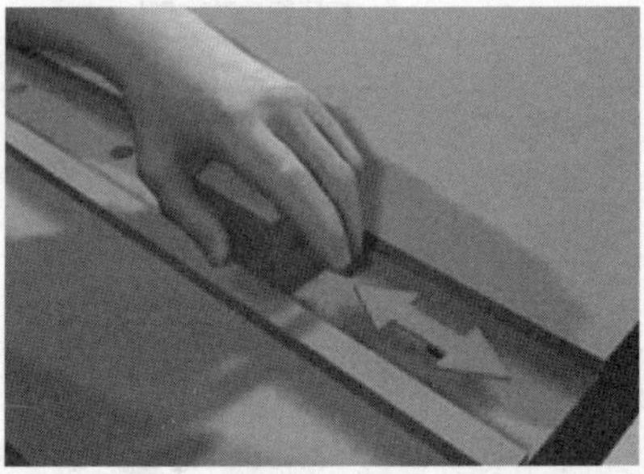
3	将基准导轨轻轻放在底座安装面上，导轨的基准侧面与安装台阶的基准侧面相对	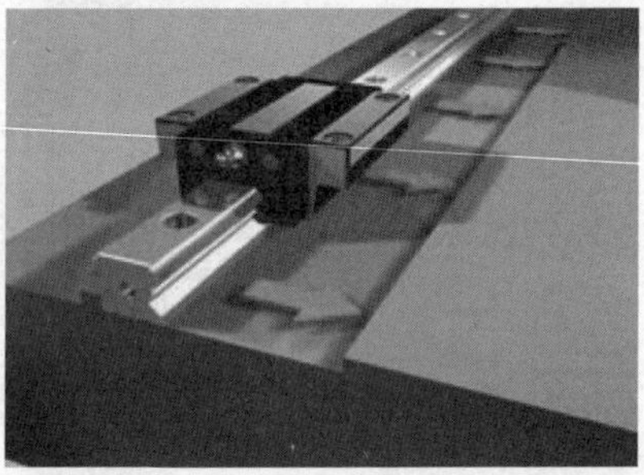
4	试拧紧螺栓以确认螺纹孔是否吻合，并将导轨底面大概固定在底座安装面上	
5	利用U形夹头将导轨的基准侧面与安装台阶的基准侧面夹紧	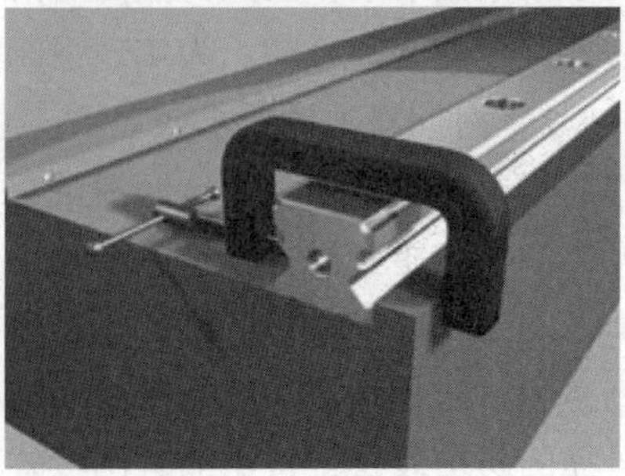

续表

序号	操作步骤	示意图
6	使用力矩扳手，按规定力矩值顺序拧紧安装螺栓，将导轨底部基准面逼紧床台底部基准面	

安装导轨时，应正确区分基准导轨与非基准导轨，可通过导轨底面和滑块侧面的退刀槽来识别，在导轨基准侧面相反的一侧刻有出厂标记"编号月份–年份"。在两根导轨配对使用时，基准导轨在出厂标记后加"J"以作识别，如图 2–18 所示。

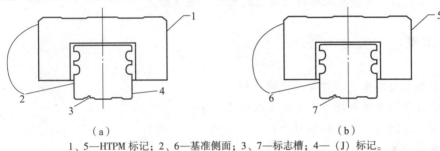

（a）　　　　　　　　　　　　　　　　（b）

1、5—HTPM 标记；2、6—基准侧面；3、7—标志槽；4—（J）标记。

图 2–18　导轨与滑块基准的识别

（a）基准导轨；（b）非基准导轨

【任务拓展】

某一台数控车床在自动加工过程中，直线和圆弧相切处出现明显的加工痕迹，请分析可能的故障原因。

相 关专业英语词汇

ball screw——滚珠丝杠

coupling——联轴器

nut——螺母

clearance——间隙

pretightening force——预紧力

bed——床身

guideway——导轨

linear guideway——直线导轨

rolling guideway——滚动导轨

slide guideway——滑动导轨

hydrostatic guideway——静压导轨

项目三　数控机床辅助装置的安装与调试

项目引入

　　数控机床辅助装置是保证数控机床功能充分发挥所必需的配套装置，常用的辅助装置包括换刀、排屑、冷却、润滑、回转工作台、防护、照明等。本项目主要包括电动刀架的安装与调试、刀库与机械手的安装与调试、润滑与冷却系统的安装与调试任务。通过完成上述工作任务，学生能够具备数控机床辅助装置的安装与调试能力。

项目要求

　　（1）掌握数控车床电动刀架的机械结构。
　　（2）掌握数控车床电动刀架的保养及检查方法。
　　（3）掌握数控机床常见的换刀方式。
　　（4）掌握常见刀库及机械手的结构。
　　（5）能读懂数控机床润滑和冷却的原理图。
　　（6）能完成电动刀架、刀库、润滑系统等辅助装置的安装与调试。

项目内容

　　任务1　电动刀架的安装与调试
　　任务2　刀库与机械手的安装与调试
　　任务3　润滑与冷却系统的安装与调试

任务1　电动刀架的安装与调试

【任务目标】

　　（1）了解数控车床自动换刀装置的类型。
　　（2）掌握数控车床电动刀架的机械结构。
　　（3）掌握数控车床电动刀架的保养及检查方法。
　　（4）能够根据技术要求完成电动刀架的机械保养。

【任务描述】

　　某公司生产某一系列的数控车床，配备电动刀架，如图3-1所示，本任务是对其进行机械保养及检查。

图 3 - 1　电动刀架

【任务准备】

一、资料准备

本任务需要的资料如下：
（1）该数控车床使用说明书；
（2）电动刀架使用说明书。

二、工具准备

本任务需要的工具和材料清单如表 3 - 1 所示。

表 3 - 1　项目三任务 1 需要的工具和材料清单

类型	名称	规格	单位	数量
工具	螺丝刀	一字	套	1
	螺丝刀	十字	套	1
	内六角扳手	2 ~ 19 mm	套	1
	锤子	300 mm	把	1
	定位销冲子	根据实际情况选用	个	1
	活扳手	200 × 24 mm	把	1
材料	润滑脂	根据实际情况选用	桶	适量
	煤油	根据实际情况选用	升	适量
	机油	根据实际情况选用	升	适量

三、知识准备

1. 数控车床自动换刀装置

数控车床为了在一次工件装夹中能够完成多道甚至所有加工工序，以缩短辅助时间，减少多次装夹工件引起的误差，通常配有自动换刀装置。自动换刀装置应当满足换刀时间短、刀具重复定位精度高、足够的刀具存储及安全可靠等要求，其结构取决于机床的形式、工艺的复杂程度及刀具的种类和数量等。数控车床常用的自动换刀装置有以下3种。

1）排刀式刀架

排刀式刀架一般用于小规格数控车床，尤其以加工棒料为主的车床最为常见，其结构形式为夹持着不同用途刀具的刀夹，并沿着机床的 X 轴方向排列在横向滑板或快换台板上，如图3-2所示，其典型的布置方式如图3-3所示。排刀式刀架的特点之一是刀具布置和机床调整都较方便，可以根据工件车削工艺的要求，任意组合不同用途的刀具，一把刀完成车削任务后，横向滑板只要按程序沿 X 轴移动预先设定的距离后，第二把刀就到达加工位置，这样就完成了机床的换刀动作，迅速省时，有利于提高机床的生产效率；特点之二是使用快换台板可以实现成组刀具的机外预调，即机床在加工某一工件的同时，可以利用快换台板在机外

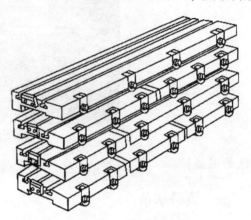

图3-2　快换台板

组成加工同一种零件或不同零件的排刀组，利用对刀装置进行预调。当刀具磨损或需要更换加工零件品种时，可以通过快换台板来成组地更换刀具，从而使换刀的辅助时间大为缩短；特点之三是可以安装不同用途的动力刀具，如图3-3中刀架两端的动力刀具，来完成一些简单的钻、铣、攻螺纹等二道加工工序，从而使机床可在一次装夹中完成工件的全部或大部分加工工序；特点之四是结构简单，可在一定程度上降低机床的制造成本。

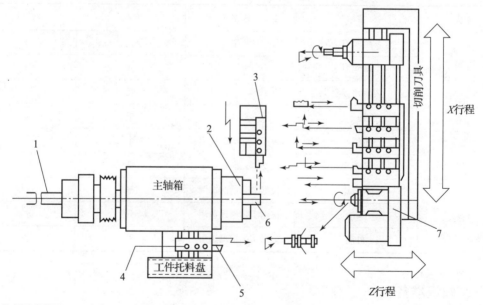

1—棒料送进装置；2—卡盘；3—切断刀架；4—切向刀架；5—去毛刺和背面加工刀具；6—工件；7—附加主轴头。

图3-3　排刀式刀架典型的布置方式

　　然而，排刀式刀架只适用于加工旋转直径比较小的工件，主要应用于较小规格的机床，不适用于加工较大规格的工件或细长的轴类零件。一般来说，旋转直径超过 100 mm 的机床大都不用排刀式刀架，而是采用转塔式刀架。

　　2）经济型数控车床方刀架

　　经济型数控车床方刀架是在普通车床四方刀架的基础上发展而来的一种自动换刀装置，其功能和普通车床四方刀架一样：有四个刀位，能装夹四把不同功能的刀具，方刀架每回转 90°，刀具就交换一个刀位，但其回转和刀位号的选择是由程序指令控制的。换刀时的动作顺序是：刀架抬起、刀架转位、刀架定位和夹紧刀架。为完成上述动作要求，必须要有相应的机构来实现，下面就以 WZD4 型刀架为例说明其具体结构，如图 3 - 4 所示。

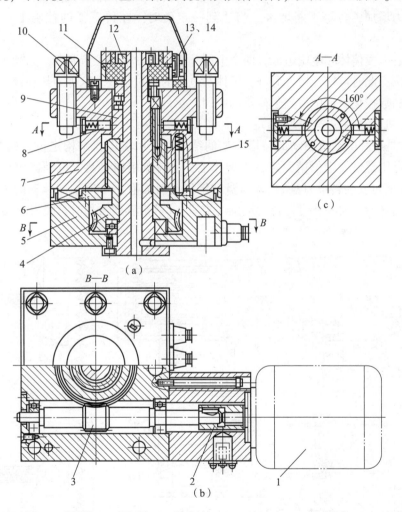

　　1—电动机；2—联轴器；3—蜗杆轴；4—蜗轮丝杠；5—刀架底座；6—粗定位盘；7—刀架体；
　　8—球头销；9—转位套；10—电刷座；11—发讯体；12—螺母；13、14—电刷；15—粗定位销。

图 3 - 4　WZD4 型刀架

（a）结构图；（b）B—B 剖视图；（c）A—A 剖视图

　　WZD4 型刀架可以安装 4 把不同的刀具，转位信号由加工程序指定。当换刀指令发出后，电动机起动正转，通过平键套筒联轴器使蜗杆轴转动，从而带动蜗轮丝杠转动（蜗轮的上部外圆柱加工有外螺纹，所以该零件称蜗轮丝杠）。刀架体内孔加工有内螺纹，与蜗轮丝杠旋合。在转位换刀时，刀架中心轴固定不动，蜗轮丝杠环绕中心轴旋转。当蜗轮开始转动时，由于在刀架底座和刀架体上的端面齿处在啮合状态，且蜗轮丝杠轴向固定，这时刀架体抬起至一定距离使端面齿脱开时。转位套用销钉与蜗轮丝杠连接，随蜗轮丝杠一同转动，当端面齿完全脱开时，转位套正好转过160°，如图3-4（c）所示，球头销在弹簧力的作用下进入转位套的槽中，带动刀架体转位。刀架体转动时带着电刷座转动，当转到程序指定的刀号时，定位销在弹簧的作用下进入粗定位盘的槽中进行粗定位，同时两个电刷接触导通，使电动机反转，由于粗定位槽的限制，刀架体不能转动，使其在该位置垂直落下，与刀架底座上的端面齿啮合，实现精确定位。电动机继续反转，此时蜗轮停止转动，蜗杆轴继续转动，随夹紧力增加，转矩不断增大，当达到一定值时，在传感器的控制下，电动机停止转动。

译码装置由发信体和电刷组成，两个电刷分别负责发信和位置判断。刀架不定期会出现过位或不到位，此时可松开螺母调好发讯体与电刷的相对位置。这种刀架在经济型数控车床及普通车床的数控化改造中得到了广泛的应用。

3）电动机传动的转塔刀架

图3-5是一种电动机驱动的转塔刀架的结构，采用端齿盘结构定位。如图3-5（a）所示，定齿盘用螺钉及定位销固定在刀架体上，动齿盘用螺钉及定位销紧固在中心轴套上（动齿盘左端面可安装转塔刀盘），动齿盘和定齿盘对面有一个可轴向移动的齿盘，齿长为二者之和，当其沿轴向左移时，合齿定位（夹紧），其沿轴向右移时，脱齿（松开）。

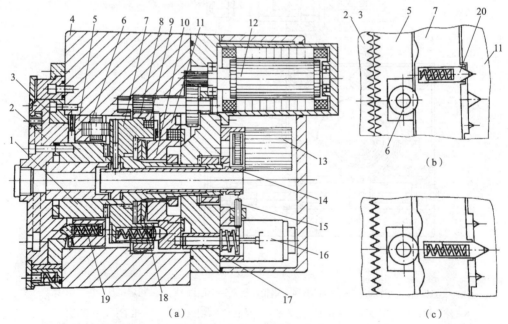

1—中心轴套；2—动齿盘；3—定齿盘；4—刀架体；5—可轴向移动的齿盘；6—滚子；7—端面凸轮盘；
8—齿圈；9—缓冲器；10—驱动套；11—驱动盘；12—电动机；13—编码器；14—轴；
15—无触点开关；16—电磁铁；17—插销；18—碟形弹簧；19、20—定位销。

图3-5 转塔刀架的结构

（a）刀架结构；（b）齿盘松开状态；（c）齿盘合齿状态

可轴向移动的齿盘的右端面，在三个等分位置上装有 3 个滚子，滚子在碟形弹簧的作用下，始终顶在端面凸轮盘的工作表面上，其工作情况如图 3-5（b）、（c）所示。当端面凸轮盘回转使滚子落入端面凸轮的凹槽时，可轴向移动的齿盘右移，齿盘松开、脱齿；当端面凸轮盘反向回转时，端面凸轮盘的凸面使滚子左移，可轴向移动的齿盘左移，齿盘合齿、定位，并通过碟形弹簧将齿盘向左拉使齿盘进一步贴紧（夹紧）。

端面凸轮盘除控制齿盘、脱齿（松开）、合齿定位（夹紧）之外，还带动一个与中心轴套用齿形花键相连的驱动套和驱动盘，使转塔刀盘分度。此外，端面凸轮盘的右端面的凸出部分，还能带动驱动盘、驱动套和中心轴回转进行分度。

整个换刀动作，脱齿（松开）、分度和合齿定位（夹紧），共用一个交流电动机驱动，经两次减速将动力传到套在端面凸轮盘外圆的齿圈上。此齿圈通过缓冲器（减少传动冲击）和端面凸轮盘相连，同样驱动盘和中心轴上的驱动套之间也有类似的缓冲器。

编码器用于识别刀位收，且与中心轴套中间的齿形带轮轴通过齿形带相连。当数控系统收到换刀指令后，自动判断路程最短的回转分度，然后发出指令使电动机转动，转塔刀盘脱齿（松开）、按最短路程分度，当编码器测到分度到位信号后电动机停转，接着电磁铁通电使插销左移，并插入驱动盘的孔中，然后电动机反转，转塔刀盘完成合齿定位（夹紧），电动机停转。电磁铁断电，弹簧使插销右移，无触点开关用于检测插销退出信号。

2. 刀架的维护

对于刀架的维护，主要包括以下 8 个方面。

（1）每次开关机都要清扫散落在刀架表面的灰尘和切屑。因为刀架体容易积留一些切屑，仅几天就会粘连成一体，清理起来很费事，且容易与切削液混合氧化腐蚀。特别是刀架体，都是旋转时抬起，到位后反转落下，最容易将未及时清理的切屑卡在里面。

（2）及时清理刀架体上的异物，防止其进入刀架内部，保证刀架换位的顺畅，利于刀架回转精度的保持。及时清洁刀架内部机械接合处，以免产生故障，如内齿盘上有碎屑就会造成夹紧不牢或导致加工尺寸变化不定。

（3）保持刀架的润滑良好，定期检查刀架内部的润滑情况。如果润滑不良，易造成旋转件干摩擦甚至咬死，导致刀架不能启动。

（4）尽可能减少腐蚀性液体的喷溅，若无法避免，则应在关机后及时擦拭涂油。

（5）注意刀架预紧力的大小调节要适度，如预紧力过大会导致刀架不能转动。

（6）经常检查并紧固连线、传感器元件盘（发信盘）、磁铁，注意发信盘螺母连接紧固，如松动易引起刀架的越位过冲或转不到位。

（7）定期检查刀架内部机械配合是否松动，以免发生刀架不能正常夹紧的情况。

（8）定期检查刀架内部的后靠定位销、弹簧、后靠棘轮等是否起作用，以免造成机械卡死。

【任务实施】

根据图 3-6 所示的电动刀架结构，进行机械拆卸检查及保养，步骤如表 3-2 所示。

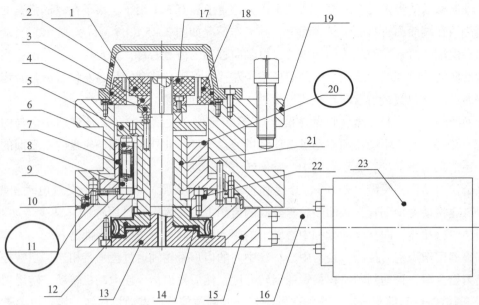

1—发讯盘；2—铝罩；3—大螺母；4—止退圈；5—离合盘；6—离合销；7—螺母；8—反靠销；9—外端齿盘；
10—防护罩；11—刀架基面；12—蜗轮；13—主轴；14—滚针轴承；15—下刀体；16—连接座；17—小螺母；
18—罩座；19—上刀体；20—F面；21—螺杆；22—反靠盘；23—电动机

图 3-6　电动刀架结构

表 3-2　机械拆卸检查及保养步骤

序号	操作步骤	示意图
1	卸下端盖，转动蜗杆，使刀架处于松开状态	
2	拆下刀架铝盖、罩座	

序号	操作步骤	示意图
3	拆下发讯盘上的6根信号线（注意各线接线位置）	
4	松开小螺母，拆下发讯盘	
5	松开大螺母中的两只防松螺钉，卸下大螺母、止退圈、轴承和离合盘	
6	将上刀体向上拉出，卸下螺杆	

序号	操作步骤	示意图
7	卸下下刀体与机床中拖板连接的 4 颗内六角螺钉及锥销,将刀架从机床上卸下	
8	卸下刀架底部的 3 颗螺钉,将 6 根信号线从主轴中抽出,从底部取出主轴	
9	卸下刀架电动机、连接座	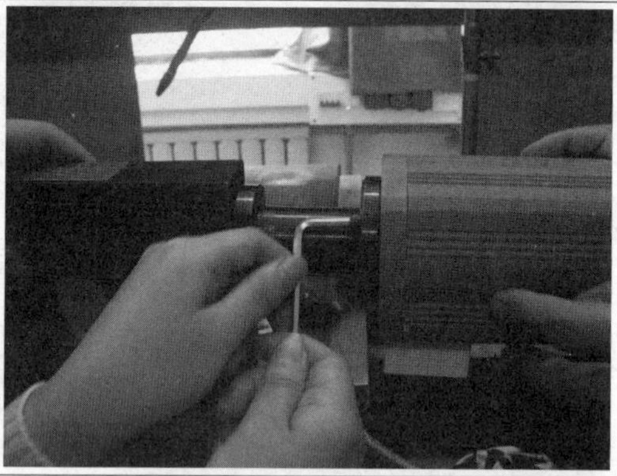
10	从端盖处向连接座方向,敲出蜗杆	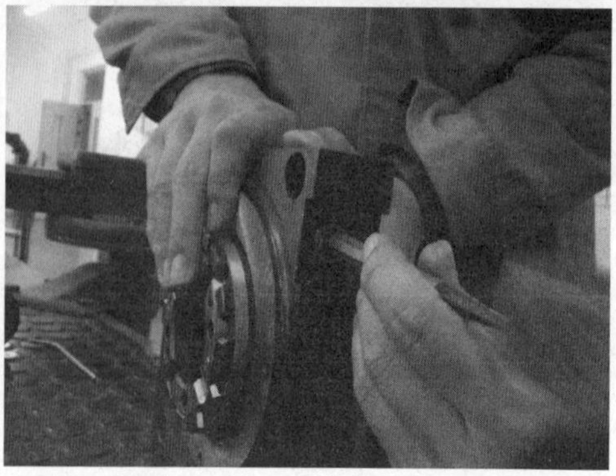

续表

序号	操作步骤	示意图
11	清洗各部件，旋转部位加润滑脂，端齿部位及旋转基面，加注洁净机油	图略
12	按拆卸顺序的逆顺序安装	图略

【任务拓展】

现有一台倾斜床身的数控车床，装配刀塔型的自动换刀装置，要求给出该机床的机械检查及保养方法，并完成机械检查及日常保养。

任务2　刀库与机械手的安装与调试

【任务目标】

（1）掌握数控机床常见刀具换刀方式。

（2）掌握加工中心常见刀库的结构。

（3）掌握机械手的形式及结构。

（4）能够根据技术要求完成刀库的安装与调试。

【任务描述】

某公司生产某一系列加工中心，配备斗笠式刀库，刀库容量为16，现需要完成该刀库的安装与调试。

【任务准备】

一、资料准备

本任务需要的资料如下：

（1）该加工中心的使用说明书；

（2）该加工中心的维修说明书；

（3）该刀库的使用说明书。

二、工具、材料准备

本任务需要的工具和材料清单如表3-3所示。

表3-3　项目三任务2需要的工具和材料清单

类型	名称	规格	单位	数量
工具	内六角扳手	2～19 mm（14pcs）	套	1
	外六角扳手	8×10 mm、12×14 mm、16×18 mm、17×19 mm	套	1

类型	名称	规格	单位	数量
工具	钩形扳手	34～42 mm、45～52 mm、68～80 mm	把	3
	铜棒	ϕ50×150 mm	个	1
	分体刀柄	BT40	套	1
	杠杆式百分表	0～0.8	套	1
	磁力表座	385 mm	套	1
材料	干净棉纱	根据实际情况选用	块	2
	煤油或汽油	根据实际情况选用	升	适量
	润滑脂	根据实际情况选用	桶	适量

三、知识准备

1. 自动换刀装置概述

加工中心一般配有刀库和自动换刀装置，刀库一般由电动机或液压系统提供转动动力，通过刀具运动机构来保证换刀的可靠性，通过定位机构来保证更换的每一把刀具或刀套都能可靠地准停。刀库的功能是储存加工工序所需的各种刀具，并按程序指令把将要用的刀具准确地送到换刀位置，并接受从主轴送来的已用刀具。刀库的容量范围一般为 8～64 把，有的刀库的容量范围为 100～200 把，甚至更多。刀库的容量首先要考虑加工工艺的需要，如立式加工中心的主要工艺为钻、铣。本书统计了 15 000 种工件，并按成组技术分析，得到各种加工所必需的刀具数是：4 把铣刀可完成工件 95% 左右的铣削工艺，10 把孔加工刀具可完成 70% 的钻削工艺，因此，14 把刀具就可完成 70% 以上的工件钻、铣工艺。对完成工件的全部加工所需的刀具数目统计，所得结果是：对于 80% 的工件（中等尺寸，复杂程度一般），其全部加工任务完成所需的刀具数不超过 40 种，所以一般的中、小型立式加工中心配有 14～30 把刀具的刀库就能够满足 70%～95% 的工件加工需要。

2. 刀具换刀方式

1）无机械手换刀

无机械手换刀的方式是利用刀库与机床主轴的相对运动实现刀具交换，XH754 型卧式加工中心就采用这类刀具交换方式。该机床主轴在立柱上可以沿 Y 轴方向上、下移动，工作台的横向运动沿 Z 轴，纵向移动沿 X 轴。鼓轮式刀库位于机床顶部，有 30 个装刀位置，可装 29 把刀具。换刀过程如图 3-7 所示。

每个过程的含义如下：

（1）图 3-7（a）：当加工工步结束后执行换刀指令，主轴实现准停，主轴箱沿 Y 轴上升，这时机床上方刀库的空挡刀位正好处于交换位置，装夹刀具的卡爪打开；

（2）图 3-7（b）：主轴箱上升到极限位置，被更换刀具的刀杆进入刀库空刀位，即被

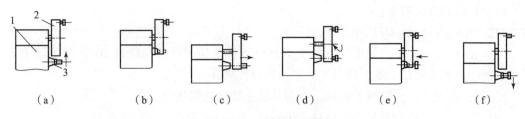

1—立柱；2—刀库；3—主轴箱

图3－7　换刀过程示意

刀具定位卡爪钳住，与此同时，主轴内刀杆自动夹紧装置放松刀具；

（3）图3－7（c）：刀库伸出，从主轴锥孔中将刀具拔出；

（4）图3－7（d）：刀库转出，按照程序指令要求将选好的刀具转到最下面的位置，同时，压缩空气将主轴锥孔吹净；

（5）图3－7（e）：刀库退回，同时将新刀具插入主轴锥孔，主轴内的夹紧装置将刀杆拉紧；

（6）图3－7（f）：主轴下降到加工位置后起动，开始下一工步的加工。

无机械手换刀机构结构简单、紧凑，交换刀具时机床不工作，因此不会影响加工精度，但会影响机床的生产率，且因刀库尺寸限制，装刀数量不能太多，常用于小型加工中心。

3. 机械手换刀

机械手换刀机构有很高的灵活性，而且可以减少换刀时间，是目前应用最广泛的一种换刀机构。机械手的结构形式是多种多样的，因此换刀运动也有所不同。下面以卧式镗铣加工中心为例说明机械手换刀的工作原理。

卧式镗铣加工中心采用的是链式刀库，位于机床立柱左侧。由于刀库中存放刀具的轴线与主轴中心线垂直，故而机械手需要3个自由度；机械手沿主轴中心线的插、拔刀动作，由液压缸实现；绕竖直轴做90°的摆动，进行刀库与主轴间刀具的传送，由液压马达实现；绕水平轴旋转180°，完成刀库与主轴上的刀具交换，也由液压电动机实现。换刀分解动作如图3－8所示。

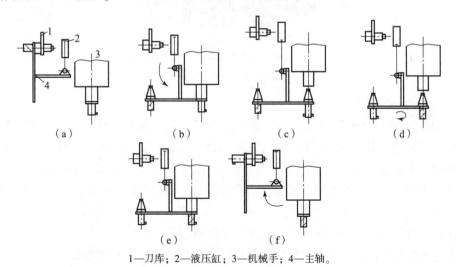

1—刀库；2—液压缸；3—机械手；4—主轴。

图3－8　换刀分解动作

每个过程的含义如下：

（1）图3-8（a）：刀爪伸出，抓住刀库上的待换刀具，刀库刀座上的锁板拉开；

（2）图3-8（b）：机械手带着待换刀具绕竖直轴逆时针方向转过90°，与主轴中心线平行，另一个卡爪抓住主轴上的刀具，主轴将刀杆松开；

（3）图3-8（c）：机械手前移，将刀具从主轴锥孔内拔出；

（4）图3-8（d）：机械手绕自身水平轴转180°，使两把刀具位置交换；

（5）图4-8（e）：机械手后退，将新刀具装入主轴，主轴将新刀具锁住；

（6）图3-8（f）：卡爪缩回，松开主轴上的刀具。机械手沿竖直轴顺时针转90°，将刀具放回刀库的相应刀座上，刀库上的锁板合上。最后，卡爪缩回，松开刀库上的刀具，恢复到原始位置。

4. 刀库的结构

1）斗笠式刀库的结构

斗笠式刀库的性价比较高，目前广泛应用于经济型的立式加工中心。斗笠式刀库因外形像个大斗笠而得名，主要由刀库鼓轮、分度盘、定位法兰和圆柱滚子等组成，具有结构简单、成本低、易于控制和维护方便等特点，刀库容量一般为16～24。斗笠式刀库如图3-9所示。

1—定位键；2—夹刀臂；3—刀库导轨；4—气缸；5—刀库电动机。

图3-9 斗笠式刀库

2）盘式刀库的结构

图3-10为JCS-018 A型加工中心的盘式刀库结构。数控系统发出换刀指令后，直流伺服电动机1接通，其运动经过滑块联轴器、蜗杆、蜗轮传递到刀盘，刀盘带动其上的16个刀套转动，完成选刀工作。每个刀套尾部有一个滚子，当待换刀具转到换刀位置时，滚子进入拨叉的槽内。同时，气缸的下腔通入压缩空气，活塞杆带动拨叉上升，松开位置开关，用以断开相关的电路，防止刀库、主轴等有误动作。拨叉在上升的过程中，带动刀套绕着销轴逆时针向下翻转90°，从而使刀具中心线与主轴中心线平行。

刀库向下翻转90°后，拨叉上升到终点，压住定位开关，CNC系统发出指令使机械手抓刀。通过螺杆，可以调整拨叉的行程，拨叉的行程决定刀具中心线相对主轴中心线的位置。

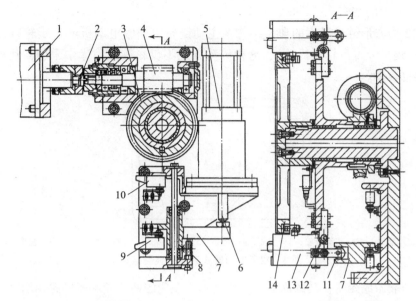

1—直流伺服电动机；2—滑块联轴器；3—蜗轮；4—蜗杆；5—气缸；6—活塞杆；7—拨叉；8—螺杆；

9—位置开关；10—定位开关；11—滚子；12—销轴；13—刀套；14—刀盘。

图 3 – 10   JCS – 018 A 型加工中心的盘式刀库结构

JCS – 018 A 型加工中心的盘式刀库刀套结构如图 3 – 11 所示，$F – F$ 剖视图中的 7 即为图 3 – 10 中的滚子，$E – E$ 剖视图中的 6 即为图 3 – 10 中的销轴。在图 3 – 11 中，刀套的锥孔尾部有两个球头销钉，在螺纹套与球头销钉之间装有弹簧，当刀具插入刀套后，由于弹簧力的作用，使刀柄被夹紧。拧动螺纹套，可以调整夹紧力大小，当刀套在刀库中处于水平位置时，靠刀套上部的滚子来支承。

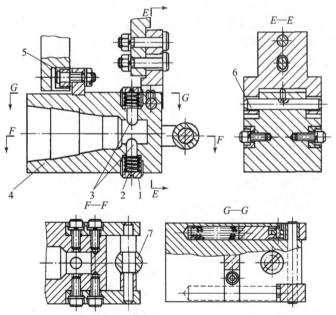

1—弹簧；2—螺纹套；3—球头销钉；4—刀套；5、7—滚子；6—销轴。

图 3 – 11   JCS – 018 A 型加工中心的盘式刀库刀套结构

3）链式刀库的结构

图 3 – 12 为方形链式刀库的典型结构。主动链轮由伺服电动机通过蜗轮减速装置驱动（根据需要，还可经过齿轮副传动），这种传动方式不仅在链式刀库中采用，其他形式的刀库中采用得也较多。

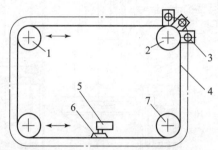

1—导向轮（张紧轮）；2—主动链轮；3—刀套；4—链条；5—回零开关（左右可移）；6—回零撞块；7—导向轮。

图 3 – 12　方形链式刀库的典型结构

导向轮一般做成光轮，其圆周表面硬化处理。左侧的两个兼起张紧轮作用的导轮，其轮座必须带有导向槽（或导向键），以免当松开安装螺钉时，轮座位置歪扭，给张紧调节带来麻烦。回零撞块可以装在链条的任意位置上，而回零开关则安装在便于调整的地方。调整回零开关位置，使刀套准确地停在换刀机械手抓刀位置上。这时将处于机械手抓刀位置的刀套编为 1 号，然后给其他刀依次编号。当刀库回零时，只能从一个方向回零，至于是顺时针回转回零还是逆时针回转回零，可由设计人员商定。

如果刀套不能准确地停在换刀位置上，将会使换刀机械手抓刀不准，以致换刀时掉刀。因此，刀套的准停问题是影响换刀动作可靠性的重要因素之一。一般需要注意以下 3 点。

（1）定位盘准停方式。液压缸推动定位销，插入定位盘的定位槽内，以实现刀套的准停，如图 3 – 13（a）所示。也可以采用定位块进行刀套定位，如图 3 – 13（b）所示，定位盘上的每个定位槽（或定位孔）对应于相应的一个刀套，且定位槽（或定位孔）的节距一致。这种准停方式的优点是能有效地消除传动链反向间隙的影响，从而保护传动链，使其免受换刀撞击力，并且驱动电动机可不用制动自锁装置。

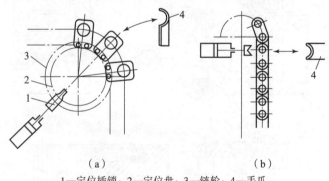

（a）　　　　　　　　　　　（b）

1—定位插锁；2—定位盘；3—链轮；4—手爪。

图 3 – 13　刀套的准停

（a）定位盘准停方式示意；（b）定位槽

（2）链式刀库要选用节距精度较高的套筒滚子链和链轮，当在把套筒装在链条上时，要用专用夹具来定位，以保证刀套节距一致。

（3）传动时要消除传动间隙。消除反向间隙的方法有采用电气系统自动补偿；在链轮轴上安装编码器；采用单头驭导程蜗杆传动；使刀套单方向运行、单向定位以及使刀套双向运行、单向定位等。

5. 机械手

在自动换刀数控机床中，机械手的形式也是多种多样的，一些常见的机械手形式如图 3 – 14 所示。

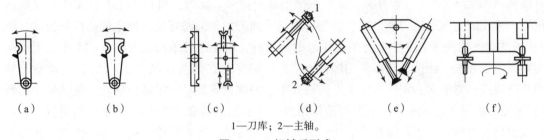

（a）　　　　（b）　　　　（c）　　　　（d）　　　　（e）　　　　（f）

1—刀库；2—主轴。

图 3 – 14　机械手形式

（a）单臂单爪回转式机械手；（b）单臂双爪摆动式机械手；（c）单臂双爪回转式机械手；（d）双机械手；
（e）双臂往复交叉式机械手；（f）双臂端面夹紧机械手

（1）单臂单爪回转式机械手。这种机械手的手臂可以通过旋转不同的角度进行自动换刀，手臂上只有一只手爪，不论在刀库上或在主轴上，均靠这只手爪来装刀及卸刀，因此换刀时间较长。

（2）单臂双爪摆动式机械手。这种机械手的手臂上有两只手爪，一个手爪卸刀，另一个手爪抓刀，其换刀时间较上述单臂单爪回转式机械手要少。

（3）单臂双爪回转式机械手。这种机械手的手臂两端各有一个手爪，两个手爪可同时抓取刀库及主轴上的刀具，回转 180° 后，又同时将刀具装入主轴及放回刀库。这种机械手换刀时间较前述两种单臂机械手的换刀时间均短，是目前最常用的一种形式。图 3 – 14（c）中右边的一种机械手在抓取刀具或将刀具送入刀库及主轴时，两臂可伸缩。

（4）双机械手。这种机械手相当于两个单爪机械手，两者相互配合进行自动换刀。其中一个机械手从主轴上取下"旧刀"后送回刀库，另一个机械手由刀库里取出"新刀"后装入机床主轴。

（5）双臂往复交叉式机械手。这种机械手的两臂可以往复运动，并交叉成一定的角度。工作时，其中一个手臂从主轴上取下"旧刀"后送回刀库，另一个手臂由刀库取出"新刀"后装入主轴。整个机械手可沿某导轨直线移动或绕某个轴回转，以实现刀库与主轴间的运刀。

（6）双臂端面夹紧机械手。这种机械手只是在夹紧部位上与前几种不同，前几种机械手均靠夹紧刀柄的外圆表面以抓取刀具，而这种机械手则夹紧刀柄的两个端面。

6. **常用换刀机械手结构**

1）单臂双爪机械手

单臂双爪机械手，也称为扁担式机械手，是目前加工中心用得较多的一种机械手，其拔刀、插刀动作大都由液压缸来完成。根据要求，单臂双爪机械手可以采取液压缸动、活塞固定或活塞动、液压缸固定的形式，其手臂的回转动作通过活塞的运动带动齿条齿轮传动来实现。机械手臂不同的回转角度由活塞的可调行程来保证。

由于单臂双爪机械手采用液压装置，所以既要保证不漏油，又要保证机械手动作灵活，且每个动作结束之前均靠缓冲机构来保证机械手工作的平衡、可靠。但由于液压驱动的机械手需要严格的密封，以及缓冲机构较复杂，且控制机械手动作的电磁阀都有一定的时间常数，故换刀速度慢。

（1）机械手的结构与动作过程。

图 3 - 15 为 JCS - 018A 型加工中心机械手传动结构示意。当前面所述刀库中的刀套逆时针旋转 90°后，压下上行程开关，发出机械手抓刀信号。此时，机械手正处在图 3 - 15 所示位置，液压缸右腔通压力油，推动活塞杆带动上面的齿条向左移动，使上面的齿轮转动。图 3 - 16 中的 8 为图 3 - 15 中竖直的液压缸的活塞杆，齿轮、齿条和轴为图 3 - 15 中的上面的齿轮、齿条和轴。连接盘与齿轮用螺钉连接，它们空套在轴上（见图 3 - 16），传动盘与轴用花键连接，它上端的销插入连接盘的销孔中，因此齿轮转动时带动轴转动，使机械手回转 75°抓刀。如图 3 - 15 所示，当抓刀动作结束时，上面的齿条上的挡环压下位置开关，CNC 系统发出拔刀信号，于是竖直的液压缸的上腔通压力油，活塞杆推动轴下降、拔刀。在轴下降时，传动盘随之下降，其下端的销（图 3 - 16 中的销）插入连接盘的销孔中，连接盘和其下面的齿轮也是用螺钉连接的，它们空套在轴上。当拔刀动作完成后，轴上的挡环压下位置开关，CNC 系统发出换刀信号。这时，液压缸的右腔通压力油，推动活塞杆带动下面的齿条向左移动，使齿轮和连接盘转动，通过销，由传动盘带动机械手转过 180°，交换主轴

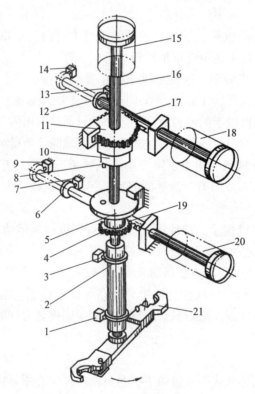

1、3、7、9、13、14—位置开关；2、6、12—挡环；4、11—齿轮；5—连接盘；8—销；
10—传动盘；15、18、20—液压缸；16—轴；17、19—齿条；21—机械手。

图 3 - 15　JCS - 018A 型加工中心机械手传动结构示意

上和刀库上的刀具位置。当换刀动作完成后，下面齿条上的挡环压下位置开关，CNC 系统发出插刀信号，使竖直的液压缸下腔通压力油，推动活塞杆带动机械手臂轴上升，插刀。同时，传动盘下面的销从连接盘的销孔中移出。插刀动作完成后，轴上的挡环压下位置开关，使下面的液压缸的左腔通压力油，推动活塞杆带动下面的齿条向右移动复位，而下面的齿轮空转，机械手无动作。当下面的齿条复位后，其上挡环压下位置开关，使上面的液压缸的左腔通压力油，推动活塞杆带动上面的齿条向右移动，通过上面的齿轮使机械手反转 75°复位。当机械手复位后，上面的齿条上的挡环压下位置开关，CNC 系统发出换刀完成信号，使刀套向上翻转 90°，为下次选刀做好准备。

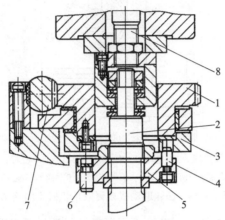

1—齿轮；2—轴；3—连接盘；4、6—销；5—传动盘；7—齿条；8—活塞杆。

图 3 - 16　机械手传动结构局部视图

（2）机械手抓刀部分的结构。图 3 - 17 为机械手抓刀部分的结构，它主要由手臂和固定在其两端的、结构完全相同的两个手爪组成。手爪上握刀的圆弧部分有一个锥销，当机械手抓刀时，该锥销插入刀柄的键槽中。当机械手由原位转过 75°抓住刀具时，两手爪上的长销分别被主轴前端面和刀库上的挡块压下，使轴向开有长槽的活动销在弹簧的作用下右移并顶住刀具。当机械手拔刀时，长销与挡块脱离接触，锁紧销被弹簧弹起，使活动销顶住刀具不能后退，这样机械手在回转 180°时，刀具不会被甩出。当机械手上升插刀时，两长销又分别被两挡块压下，锁紧销从活动销的孔中退出，松开刀具，机械手便可反转 75°复位。

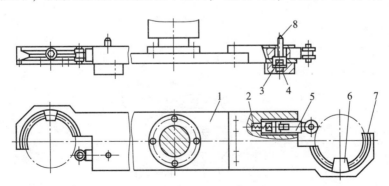

1—手臂；2、4—弹簧；3—锁紧销；5—活动销；6—锥销；7—手爪；8—长销。

图 3 - 17　机械手臂和手爪

近年来，市面上还出现了一种凸轮联动式单臂双爪机械手，其结构如图 3 - 18 所示。

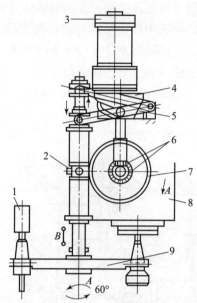

1—刀套；2—十字轴；3—电动机；4—圆柱槽凸轮；5—杠杆；6—锥齿轮；
7—凸轮滚子（平臂旋转）；8—主轴箱；9—换刀机械手手臂。

图 3 - 18 凸轮联动式单臂双爪机械手的结构

这种机械手的优点是由电动机驱动，不需要复杂的液压系统及密封、缓冲机构，不存在漏油现象，结构简单，工作可靠。同时，由于机械手手臂的回转、插刀和拔刀的分解动作是联动的，部分时间可重叠，从而大大缩短了换刀时间。

2）两手爪成 180°的单臂双爪回转式机械手

（1）两手爪不伸缩的单臂双爪回转式机械手。

图 3 - 19 为两手爪不伸缩的单臂双爪回转式机械手的结构，这种机械手适用于刀库中刀座中心线与主轴中心线平行的自动换刀装置，机械手回转时不得与换刀位置刀座相邻的刀具干涉，手臂的回转由蜗杆凸轮机构传动，换刀时间在 2 s 以内，快速可靠。

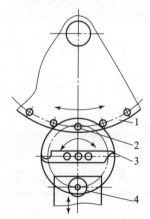

1—刀库；2—换刀位置的刀座；3—机械手；4—机床主轴。

图 3 - 19 两手爪不伸缩的单臂双爪回转式机械手的结构

（2）两手爪伸缩的单臂双爪回转式机械手。

图 3－20 为两手爪伸缩的单臂双爪回转式机械手的结构，这种机械手也适用于刀库中刀座中心线与主轴中心线平行的自动换刀装置，其两手爪可以伸缩，因此可避免与刀库中的其他刀具干涉，但换刀时间也随之加长。

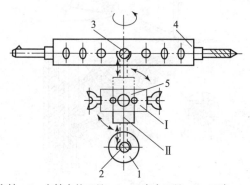

1—机床主轴；2—主轴中的刀具；3—刀库中刀具；4—刀库；5—机械手。

图 3－20　两手爪伸缩的单臂双爪回转式机械手的结构

（3）剪式手爪的单臂双手回转式机械手。

这种机械手是用两组剪式手爪夹持刀柄的，故又称为剪式机械手。图 3－21（a）为刀库刀座中心线与机床主轴中心线平行时用的剪式机械手示意，图 3－21（b）为刀库刀座中心线与机床主轴中心线垂直时用的剪式机械手示意。与前两种机械手不同的是该机械手的两组剪式手爪分别动作，因此换刀时间较长。

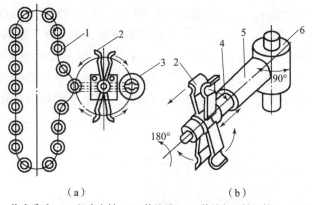

（a）　　　　　　　　　　　　（b）

1—刀库；2—剪式手爪；3—机床主轴；4—伸缩臂；5—伸缩与回转机构；6—手臂摆动机构。

图 3－21　剪式手爪的单臂双手回转式机械手的结构

（a）刀库刀座轴线与机床主轴轴线平行时用的剪式机械手示意；

（b）刀库刀座轴线与机床主轴轴线垂直时用的剪式机械手示意

3）两手爪互相垂直的单臂双手回转式机械手

图 3－22 为两手爪互相垂直的单臂双手回转式机械手的结构示意，该机械手用于刀库刀座中心线与机床主轴中心线垂直，刀库为径向存取刀具的自动换刀装置，具有伸缩、回转、抓刀和松刀等动作。伸缩动作：液压缸（图中未示出）带动手臂托架沿主轴轴向移动；回转动作：液压缸活塞驱动齿条使与机械手相连的齿轮旋转；抓刀动作：液压驱动抓刀活塞移动，通过活塞杆末端的齿条传动两个小齿轮，再分别通过小齿条、小齿轮，移动抓刀动块，

抓刀动块上的销插入刀具颈部后法兰上的对应孔中，抓刀动块与抓刀定块撑紧在刀具颈部两法兰之间；松刀动作：换刀后在弹簧的作用下，抓刀动块松开，销退出。

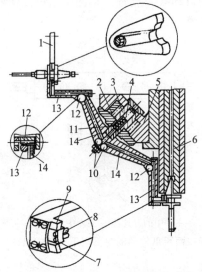

1—刀库；2—齿条；3—齿轮；4—抓刀活塞；5—手臂托架；6—机床主轴；7—抓刀动块；
8—销子；9—抓刀定块；10、12—小齿轮；11—弹簧；13、14—小齿条。

图3-22　两手爪互相垂直的单臂双手回转式机械手的结构

4）两手平行的单臂双手回转式机械手

由于该机械手刀库中刀具的中心线与机床主轴中心线方向相垂直，故机械手需有3个动作：沿主轴轴线移动（Z向），进行主轴的插、拔刀；绕垂直轴作90°摆动，完成主轴与刀库间的刀具传递；绕水平轴作180°回转，完成刀具交换。两手平行的单臂双手回转式机械手的结构如图3-23所示，机械手有两对手爪，由液压缸驱动实现夹紧和松开。当液压缸驱动手爪（上部手爪）外伸时，支架上的导向槽拨动销，使对手爪绕销轴摆动，手爪合拢实现抓刀动作；液压缸驱动手爪（下部手爪）回缩时，支架上的导向槽使该对手爪放开，实现松刀动作。

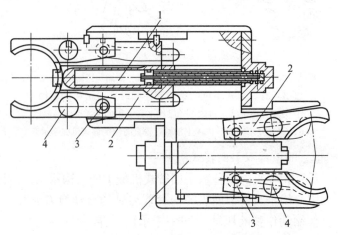

1—液压缸；2—导向槽；3—销；4—销轴。

图3-23　两手平行的单臂双手回转式机械手的结构

7. 机械手的驱动机构

图3-24为机械手的驱动机构。其中，升降气缸通过杆带动机械手臂升降，当机械手在上边位置时（图3-24所示位置），液压缸通过齿条、齿轮、传动盘和杆带动机械手臂回转；当机械手在下边位置时，转动气缸通过齿条、齿轮、传动盘和杆，带动手臂回转。

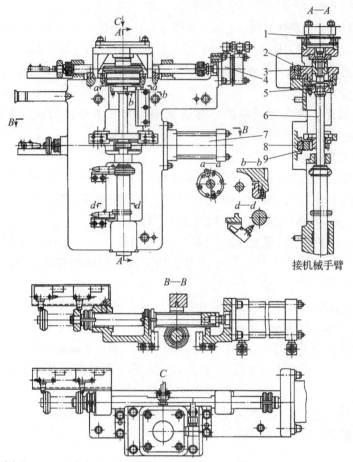

接机械手臂

1—升降气缸；2、9—齿条；3、8—齿轮；4—液压缸；5—传动盘；6—杆；7—转动气缸。

图3-24　机械手的驱动机构

【任务实施】

进行斗笠式刀库的安装与调试，具体步骤如下。

1）斗笠式刀库的安装

（1）将所需用工装及结合面清理干净，并去毛刺、倒钝和锐角。

（2）试配刀库与支架、支架与立柱间的导向键，要求前面的键与支架上键槽配合稍紧、与刀库上键槽配合稍松，且滑移灵活；后面的键与立柱上键槽配合稍紧、与支架键槽稍松，且滑移灵活，但滑移键侧间隙不得过大。分别将试配好的导向键固定到立柱和刀库支架上。

（3）将刀库与刀库支架连接到一起后固定到立柱上，注意在吊装时不得损伤刀库。

（4）安装好各向调整装置后进行刀库调试。

2）斗笠式刀库的调试

（1）检查刀盘平面与 $X-Y$ 平面的平行度，分别沿 X 轴和 Y 轴方向检查。平行度应小于

0.30 mm/全宽，如超过此数值则需调整刀库支架与刀库位置。

（2）将主轴箱上移到 Z 轴的最高点，再将分体刀柄的上体锥柄部分装入主轴孔内并拉紧，同时在刀盘的刀卡内装入分体刀柄的下体。

（3）手动将刀库移到换刀位置。

（4）手动使主轴定向。

（5）下移主轴箱，使分体刀柄的上体锥柄部与刀卡上分体刀柄的下体之间的间隙为 2 mm。

（6）用调整装置调整刀库在 X 轴和 Y 轴的位置，同时用分体刀柄的中间轴检验分体刀柄上下两体的中心是否重合，若重合则刀卡与主轴的换刀点重合调整完毕。

（7）Z 轴回参考点。

（8）下移主轴箱，使分体刀柄的上体锥柄部与刀卡上分体刀柄的下体之间的间隙在 0.015～0.025 mm（用塞尺测量）。

（9）记录此位置 Z 轴的坐标值。

（10）当此位置 Z 轴的坐标值小于 365 mm 或大于 370 mm，则调整参考点挡块的位置；当此位置 Z 轴的坐标值在 365 mm～370 mm 之间，则调整参考点栅格偏移参数内数值，此参数单位为 0.001 mm。FANUC 系统的参数号为 1850。

（11）参考点调整完毕后重复（8）和（9）的操作内容。保证当 Z 轴的坐标值为 365 时，分体刀柄的上体锥柄部与刀卡上分体刀柄的下体之间的间隙在 0.015 mm～0.025 mm（用塞尺测量）。

（12）检查刀卡在主轴抓、松刀过程中的变形量。将刀柄放在刀卡上，使刀库移出，使百分表触头与换刀位相邻的刀卡下部接触，调整好指示器。主轴定向后进入松刀状态，下移主轴箱到换刀位置，检查此时指示器读数增加值不得大于 0.3 mm；手动进行主轴抓刀动作，百分表指针的减少值不得大于 0.3 mm。若超差则应重新调整换刀点的位置或打刀距离。

（13）检查换刀过程的正确性。以手动方式进行操作，检查刀库移出、退回、刀盘转位、主轴定向、主轴抓、松刀及换刀点位置设定是否正确。重复多次，并确认所有动作无误后，用换刀程序控制刀库进行换刀。

【任务拓展】

某工厂有一台加工中心，配备圆盘式刀库，刀套的容量为 20，换刀方式为随机换刀，试完成该刀库的安装与调试。

任务3　润滑与冷却系统的安装与调试

【任务目标】

（1）掌握数控机床润滑系统的种类。

（2）能读懂数控机床润滑和冷却的原理图。

（3）能够根据技术要求完成数控机床润滑和冷却系统的维护。

【任务描述】

某公司有一台数控车床，现需要根据机床润滑和冷却系统的图样，对其润滑和冷却系统进行维护。

【任务准备】

一、资料准备

本任务需要的资料如下：
(1) 该数控车床的使用说明书；
(2) 该数控车床的润滑系统图样；
(3) 该数控车床的冷却系统图样。

二、工具、材料准备

本任务需要的工具和材料清单如表3－4所示。

表3－4 项目三任务3需要的工具和材料清单

类型	名称	规格	单位	数量
工具	内六角扳手	2～19 mm	套	1
	外六角扳手	8×10 mm、12×14 mm、16×18 mm、17×19 mm	套	1
	切削液浓度计	0～90%	个	1
材料	切削液	根据实际情况选用	升	适量
	润滑油	根据实际情况选用	升	适量
	润滑脂	根据实际情况选用	桶	适量

三、知识准备

1. 润滑系统的种类

1）单线阻尼式润滑系统

单线阻尼式润滑系统适用于机床润滑点需油量相对较少并需周期供油的场合，它利用阻尼式分配，把液压泵供给的油按一定比例分配到润滑点，一般用于循环系统，也可以用于开放系统，可通过时间来控制润滑点的油量。该润滑系统非常灵活，多一个或少一个润滑点都可以，并可由用户自行安装，且当某一点发生阻塞时，不影响其他点的使用，故应用十分广泛。

2）递进式润滑系统

递进式润滑系统主要由泵站、递进式分流器组成，并可配备控制装置加以监控，其特点是能对任一润滑点的堵塞报警并终止运行，以保护设备；定量准确，压力高；不但可以使用黏度低的润滑油，还可使用润滑脂；润滑点最多可达100个，压力最高可达21 MPa。

递进式分流器由一块底板、一块端板及最少3块中间板组成，一组阀最多可有8块中间板，可润滑18个点。递进式分流器的工作原理是由中间板中的柱塞从一定位置起依次动作供油，若某一点产生堵塞，则下一个出油口就不会动作，整个分流器会停止供油。堵塞指示器可以指示堵塞位置，便于维修。图3－25为递进式润滑系统。

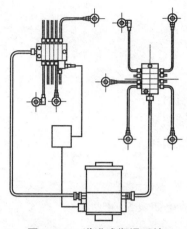

图 3 - 25　递进式润滑系统

3）容积式润滑系统

容积式润滑系统中配有压力继电器，当系统油压达到预定值后，电动机延时停止，润滑油由定量分配器供给，系统通过换向阀卸荷，并保持一个最低压力，使定量分配器补充润滑油；电动机再次启动，重复这一过程，直至达到规定的润滑时间。该系统压力一般在50 MPa以下，润滑点可达几百个，应用范围广、性能可靠，但不能作为连续润滑系统。图 3 - 26 为容积式润滑系统。

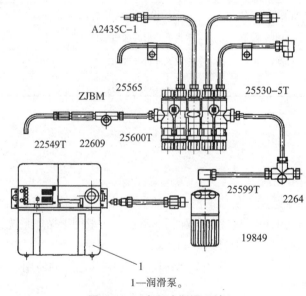

1—润滑泵。

图 3 - 26　容积式润滑系统

2. 数控机床的润滑

下面以 VP1050 型加工中心润滑系统为例来介绍数控机床的润滑。VP1050 型加工中心润滑系统综合采用油润滑和脂润滑。其中，主轴传动链中的齿轮和主轴轴承转速较高，温升剧烈，所以与主轴冷却系统采用循环油润滑。图 3 - 27 为 VP1050 型加工中心主轴润滑冷却管路示意。机床每运转 1 000 h 需要更换一次润滑油，当润滑油液位低于油窗下刻度线时，需补充润滑油到油窗液位刻度线规定位置（上、下限之间），主轴每运转 2 000 h，需要清洗过滤器。VP1050 型加工中心的滚动导轨、滚珠螺母丝杠及丝杠轴承等由于运动速度低，无剧烈温升，故这些部位采用脂润滑。图 3 - 28 为 VP1050 型加工中心导轨润滑脂加注嘴示意。机床每运转 1 000 h（或 6 个月）需要补充一次适量的润滑脂，并且要采用规定型号的锂基类润滑脂。

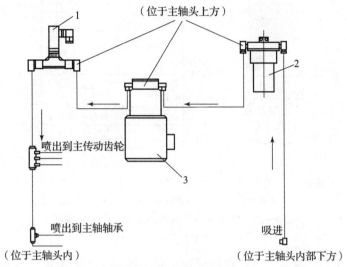

1—压力开关；2—过滤器；3—液压泵。

图 3 - 27　VP1050 型加工中心主轴润滑冷却管路示意

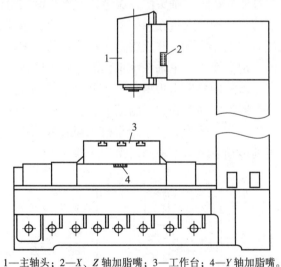

1—主轴头；2—X、Z 轴加脂嘴；3—工作台；4—Y 轴加脂嘴。

图 3 - 28　VP1050 型加工中心导轨润滑脂加注嘴示意

3. 机床冷却

图 3 - 29 为电控箱冷气机的工作原理图和结构图。机床冷却的工作原理：电控箱冷气机外部空气经过冷凝器，吸收冷凝器中来自压缩机的高温空气的热量，使电控箱内的热空气得到冷却。在此过程中，蒸发器中的液态冷却剂变成低温低压气态制冷剂，压缩机再将其压缩成高温高压气态制冷剂，由此完成一个循环。同时，电控箱内的热空气再循环经过蒸发器，其中的水蒸气冷却凝结成液态水而排出，这样热空气在经过冷却的同时也进行了除湿、干燥。

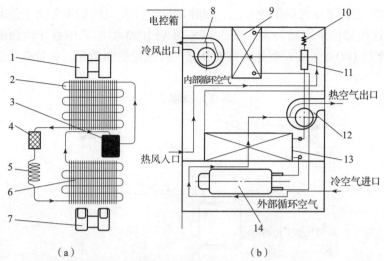

1、12—外部空气排出风机；2、13—冷凝器盘管；3、14—压缩机；4、11—干燥过滤器；

5、10—毛细管；6、9—蒸发器盘管；7、8—冷空气排出风机。

图 3 – 29　电控箱冷气机的工作原理图和结构图

（a）工作原理图；（b）结构图

　　VP1050 型加工中心采用专用的主轴温控机对主轴的工作温度进行控制。图 3 – 30（a）为主轴温控机的工作原理图，循环液压泵将主轴头内的润滑油（L – AN32 全损耗系统用油）通过管道抽出，经过滤器过滤后送入主轴头内，温度传感器检测润滑油液的温度，并反馈给温控机控制系统，控制系统根据操作人员在温控机上的预设值，来控制冷却器的启停。冷却润滑系统的工作状态由压力继电器检测，并反馈给数控系统的可编程逻辑控制器。数控系统把主轴传动系统及主轴的正常润滑作为主轴系统工作的充要条件，如果压力继电器无信号发出，则数控系统的可编程逻辑控制器发出报警信号，且禁止主轴起动。图 3 – 30（b）为温控机操作面板。操作人员可以设定油温和室温的差值；温控机根据此差值进行控制，面板上设置有循环液压泵、冷却机工作、故障等多个指示灯，供操作人员识别温控机的工作状态。主轴头内高负荷工作的主轴传动系统与主轴同时得到冷却。

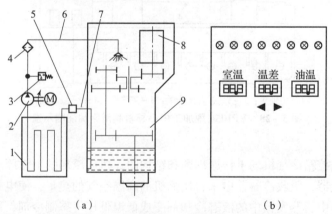

1—冷却器；2—循环液压泵；3—压力继电器；4—过滤器；5—温度传感器；6—出油管；

7—进油管；8—主轴电动机；9—主轴头。

图 3 – 30　主轴温控机的工作原理图和操作面板

（a）工作原理图；（b）操作面板

数控机床在进行高速大功率切削时会产生大量的切削热,使刀具、工件和内部机床的温度上升,进而影响刀具的寿命、工件加工质量和机床的精度。因此,在数控机床中,良好的工件切削冷却具有重要的意义,切削液不仅具有对刀具、工件、机床的冷却作用,还能在刀具与工件之间起到润滑、排屑清理、防锈等作用。图3-31为H400型加工中心工件切削冷却系统的工作原理图。H400型加工中心在工作过程中可以根据加工程序的要求,由两条管道喷射切削液,当不需要切削液时,可通过切削液开/停按钮打开/关闭切削液。通常在计算机辅助制造软件生成的程序代码中会自动加入切削液开关指令。当手动加工时,通过机床操作面板上的切削液开/停按钮即可起动切削液电动机,送出切削液。

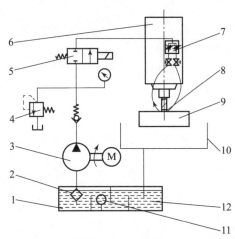

1—切削液箱;2—过滤器;3—液压泵;4—溢流阀;5—电磁阀;6—主轴部件;7—分流阀;8—切削液喷嘴;
9—工件;10—切削液收集装置;11—液位指示计;12—切削液。

图3-31　H400型加工中心切削冷却系统工作原理图

为了提高冷却效果,一些数控机床上还采用了主轴中央通水和使用内冷却刀具的方式进行主轴和刀具的冷却。这种方式有利于提高刀具寿命、发挥数控机床良好的切削性能,并顺利排出切屑,特别是在加工深孔时效果尤为突出,所以目前应用越来越广泛。

【任务实施】

1. 数控机床润滑系统的维护

(1) 每天检查润滑油是否足够,不足时应及时添加。

(2) 每月定期检查给油口滤网,清除杂质。

(3) 定期检查液压泵各接头有无堵塞。

(4) 定期检查油排有否堵塞。

(5) 每年对整个润滑油箱进行一次清洗。

2. 数控机床冷却系统的维护

(1) 适时更换切削液。每2~3天检查切削液浓度及使用状况,并调配好切削液与水的比例,以防机床生锈,建议使用切削液浓度计。

(2) 保持切削液循环畅通。定期清除切削液水槽过滤网上的积屑。

(3) 定期清洁水箱。将切削液抽干,冲洗水箱及水管,清洁过滤网,再加入切削液。

【任务拓展】

TH5460型立式加工中心集中润滑站的润滑油耗大,隔1天就要向润滑站加油,切削液中混入大量润滑油，请分析可能的原因。

相 关专业英语词汇

ATC（automatic tool changer）——自动换刀装置

turret——刀架

maintain——保养

motor——电动机

worm gear——蜗轮

worm——蜗杆

lubrication——润滑

coolant——冷却液

cooling system——冷却系统

horizontal——水平的

hydraulic——液压的

第二篇　数控机床电气系统的安装与调试

项目四　数控机床电气控制系统连接

项目引入

　　数控机床电气控制系统直接影响着数控机床的性能，其设计水平对整个数控机床的运行效率有直接影响。本项目主要包括数控系统的硬件连接、主轴控制电路的连接、进给控制电路的连接、辅助控制电路的连接任务。通过完成上述工作任务，学生能够具备数控机床电气控制系统连接与调试的能力。

项目要求

　　(1) 了解 FANUC 0i – D 系统的特性。
　　(2) 掌握 FANUC 0i – TD 数控系统的硬件组成。
　　(3) 掌握数控机床串行主轴和模拟主轴的工作原理。
　　(4) 掌握 FANUC 进给伺服系统的工作原理。
　　(5) 掌握数控车床刀架和冷却控制电路的知识。
　　(6) 能够按照操作规范完成数控机床电气控制系统的连接。
　　(7) 具有在电气控制系统连接过程中安全生产操作的意识。

项目内容

　　任务1　数控系统的硬件连接
　　任务2　主轴控制电路的连接
　　任务3　进给控制电路的连接
　　任务4　辅助控制电路的连接

任务1　数控系统的硬件连接

【任务目标】
　　(1) 了解 FANUC 0i – D 系统的特性。
　　(2) 掌握 FANUC 0i – TD 数控系统的硬件组成。
　　(3) 能够根据技术要求完成 FANUC 0i – TD 系统的硬件连接。

【任务描述】

某公司生产某一系列数控车床，现需要完成其数控系统的硬件连接，要求元器件布局留有足够的接线空间，安装方向及位置合理，并且走线规范。

【任务准备】

一、资料准备

本任务需要的资料如下：

（1）FANUC 0i - D 数控系统硬件连接说明书；

（2）FANUC 0i - D 数控系统维修说明书；

（3）数控机床电气原理图。

二、工具、材料准备

本任务需要的工具和材料清单如表 4 - 1 所示。

表 4 - 1 项目四任务 1 需要的工具和材料清单

类型	名称	规格	单位	数量
工具	万用表	UT33B	块	1
	螺丝刀	一字	套	1
	螺丝刀	十字	套	1
	尖嘴钳	200 mm	把	1
	剥线钳	TU - 5022	把	1
	电烙铁	ST	只	1
材料	焊锡	1 mm²	卷	1
	松香	盒装	盒	1
	导线	0.75 mm²、1 mm²、1.5 mm²	卷	若干
	记号管	白色	m	2

三、知识准备

1. FANUC 0i - D 控制器的结构及功能

目前，北京 FANUC 生产有加工中心/铣床用的 0i MD/0i Mate - MD 系统和车床用的 0i - TD/0i Mate - TD 系统，各系统的配置如表 4 - 2 所示。

表 4 - 2　FANUC 0i D 各系统配置

系统型号		应用机床	放大器	电动机
0iD 最多 5 轴	0i - MD	加工中心、铣床等	αi 系列的放大器 βi 系列的放大器	αiI、αiS 系列 βiI、βiS 系列
	0i TD	车床	αi 系列的放大器 βi 系列的放大器	αiI、αiS 系列 βiI、βiS 系列
0imate - D 最多 4 轴	0i mate - MD	加工中心、铣床	βi 系列的放大器	βiS 系列
	0i mate - TD	车床	βi 系列的放大器	βiS 系列

注：对于 βi 系列，如果不配 FANUC 的主轴电动机，伺服放大器是单轴型或双轴型，如果配主轴电动机，放大器是一体型（SVSPM）。

　　FANUC 0i - D 系统包括基本控制单元、伺服放大器、伺服电动机等，可控制 4 个进给轴和多个伺服主轴（或变频主轴）；FANUC 0i Mate - TD 系统包括基本控制单元、伺服放大器、伺服电动机和外置 I/O 模块，可控制 3 个进给轴和 1 个伺服主轴（或变频主轴）。

　　FANUC 0i - D 系列控制器的正面外观如图 4 - 1 所示，反面外观如图 4 - 2 所示。

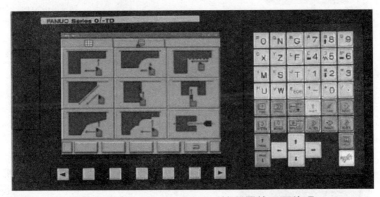

图 4 - 1　FANUC 0i - D 系列控制器的正面外观

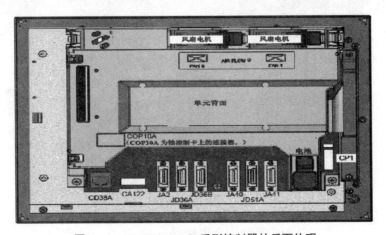

图 4 - 2　FANUC 0i - D 系列控制器的反面外观

FANUC 0i D 系列控制器由主 CPU、存储器、数字伺服轴控制卡、主板、显卡、内置 PMC、LCD 显示器、MDI 键盘等构成，FANUC 0i – C/D 主控制系统已经把显卡集成在主板上。下面分别加以介绍。

2. 系统配置

FANUC 0i Mate – D 和 FANUC 0i – D 在系统配置上有区别，FANUC 0i Mate – D 的功能是通过软件方式进行整体打包的，可以满足常规的使用，而 FANUC 0i – D 系统配置需要根据功能来选择。常见 FANUC 0i – D 系统配置如图 4 – 3 和图 4 – 4 所示。

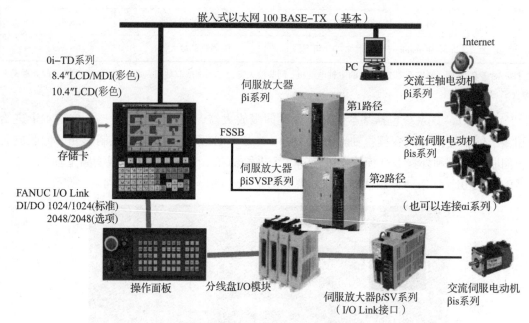

图 4 – 3　FANUC 0i – D 系统配置

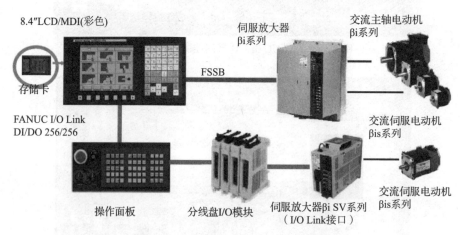

图 4 – 4　FANUC 0i Mate – D 系统配置

3. FANUC 0i – D 系列硬件连接

图 4 – 5 是 FANUC 0i – D 数控系统综合连接图。

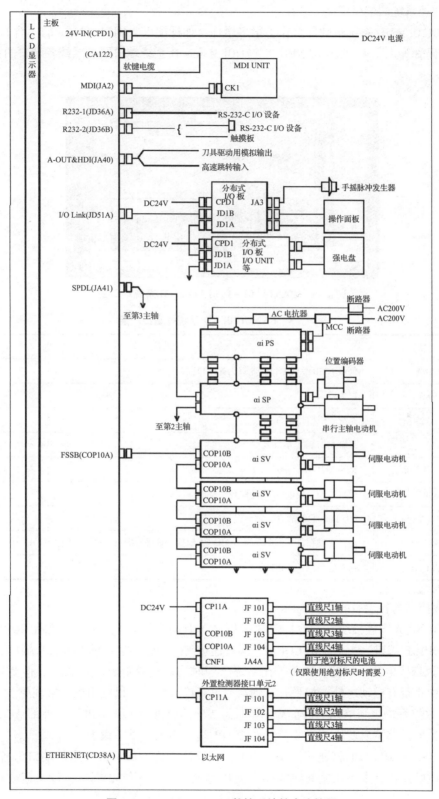

图 4 - 5   FANUC 0i - D 数控系统综合连接图

1）数控系统的端口定义

FANUC 0i – MD 系统在硬件上作了很多增加，如标配以太网口（Mate 的不含）、系统状态显示数码管等。图 4 – 6 为 FANUC 0i – D/0i Mate – D 系统端口图。系统各端口的功能如表4 – 3 所示。

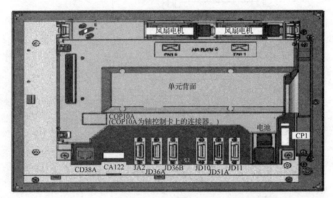

图 4 – 6   FANUC 0i – D/0i Mate – D 系统端口图

表 4 – 3   FANUC 0i – D 系统各端口功能

端口号	功能
COP10A	伺服 FSSB 总线端口，此口为光缆口
CD38A	以太网端口
CA122	系统软键信号端口
JA2	系统 MDI 键盘端口
JD36A/JD36B	RS – 232C 串行端口 1/2
JA40	模拟主轴信号端口/高速跳转信号端口
JD51A	I/O Link 总线端口
JA41	串行主轴端口（到驱动器 JA7B）/主轴独立编码器端口（模拟主轴）
CP1	系统电源输入（DC 24 V）

2）数控系统各端口的连接说明

（1）FSSB 光缆连接线，一般接左边端口（若有两个端口），系统总是从 COP10A 端口连接到 COP10B 端口，本系统由 COP10A 端口连接到第一轴驱动器的 COP10B 端口。

（2）风扇、电池、软键、MDI 等在系统出厂时均已连接好，不用改动，但要检查在运输的过程中是否有松动之处，如果有，则需要重新连接牢固，以免出现异常现象。

（3）数控系统控制单元主板正常工作时需要外部提供 DC 24 V 电源。外部 AC 200 V 电源经过开关电源整流后变为 DC 24 V，通过 CP1 端口输入，供主板工作。

（4）RS232 端口与电脑通信，共有两个，一般接左边的端口，右边的端口为备用端口，如果不与电脑连接，则不用接此线（推荐使用存储卡代替 RS232 端口，传输速度及安全性都更优越）。

（5）JA40 端口可以接非 FANUC 的模拟主轴单元，如在精度要求不太高的场合，为了降低数控系统的造价，可以采用其他公司的主轴控制单元和匹配的主轴驱动器。此时其主轴电动机的位置编码器的反馈信号需要接到 JA41 端口上。

（6）JD51A 端口连接到 I/O Link。对于数控机床各坐标轴的运动控制，即在用户加工程序中 G、F 指令部分，由数控系统控制实现；而对于数控机床的顺序逻辑动作，即在用户加工程序中 M、S、T 指令部分，由 PMC 控制实现，其中包括主轴速度控制、刀具选择、工作台更换、工件夹紧与松开等。这些来自机床侧的输入、输出信号与 CNC 系统之间是通过 I/O Link 建立通信联系的。

（7）SRAM 的电源由安装在控制单元上的锂电池供电，电压为 3 V。当电池的电压下降时，在 LCD 界面上则会闪烁显示警告信息"BAT"。同时向 PMC 输出电池报警信号。当出现报警信号后，应尽快更换电池。1~2 周只是一个大致标准，实际能够使用多久则因不同的系统配置而有所差异。FANUC 公司建议用户不管是否产生电池报警都要每年定期更换一次电池。

【任务实施】

任务一：列出 FANUC 0i TD 系统的主要部件，简述其作用，填写表 4-4。

表 4-4　FANUC 0i TD 系统的主要部件及作用

部件名称		系列号（MODEL）	订货号（SPEC）	额定输出	额定扭矩	最大转速	部件作用
CNC 装置				—	—	—	
伺服放大器	X				—	—	
	Z				—	—	
伺服电动机	X						
	Z						
I/O 单元		—		—	—	—	

任务二：根据下表的控制要求，写出相对应的控制方式，填写表 4-5。

表 4-5　数控车床的控制要求及方式实现

机床类型	控制要求	控制方式实现
数控车床	主轴可以实现无级调速	例答：可以使用变频电动机与伺服电动机
	主轴可以进行速度反馈与车削螺纹	
	进给轴实现半闭环控制	
	进给轴可以实现无挡块回零	
	可以实现自动换刀	

任务三：FANUC 0i D 系统 CNC 系统的端口认知。

请在 CNC 系统上依次找到如下端口：COP10A、CD38A、CA122、JA2、JD36A、JD36B、JA40、JD51A、JA41、CP1，并在表 4 – 6 中填写其相应的用途。此外，请找到风扇电动机、系统电池、系统保险丝、扩展槽端口。

表 4 – 6　CNC 系统的端口及用途

端口号	用途
COP10A	
CD38A	
CA122	
JA2	
JD36A/JD36B	
JA40	
JD51A	
JA41	
CP1	

任务四：请写出判断光缆好坏的操作步骤。

操作步骤：＿＿＿＿＿＿＿＿＿＿＿＿＿＿＿＿＿＿＿＿＿＿＿＿＿＿＿＿＿＿

＿＿＿＿＿＿＿＿＿＿＿＿＿＿＿＿＿＿＿＿＿＿＿＿＿＿＿＿＿＿＿＿＿＿＿

任务五：请写出取下风扇电动机，清理电动机，明确其基本信息的操作步骤。

操作步骤：＿＿＿＿＿＿＿＿＿＿＿＿＿＿＿＿＿＿＿＿＿＿＿＿＿＿＿＿＿＿

＿＿＿＿＿＿＿＿＿＿＿＿＿＿＿＿＿＿＿＿＿＿＿＿＿＿＿＿＿＿＿＿＿＿＿

任务六：在数控机床上完成数控系统的硬件连接。

【任务拓展】

某工厂有一台 CAK6140 数控机床，按下系统电源〈ON〉键后，系统无法启动，请分析可能的故障原因。

任务 2　主轴控制电路的连接

【任务目标】

（1）掌握主轴传动的配置形式。

（2）掌握主轴传动换挡技术。

（3）掌握模拟主轴和数字主轴的控制原理。

（4）能够根据技术要求完成主轴控制电路的连接。

【任务描述】

某公司生产某一系列数控车床，采用变频器 FR – A740 – 3.7K – CHT 进行模拟主轴控制,现需要完成主轴控制电路的连接,要求接线符合工艺要求,连接导线必须压接接线头,走线合理规范,信号线远离动力电源线。

【任务准备】

一、资料准备

本任务需要的资料如下:

(1) FANUC 0i – D 数控系统硬件连接说明书;

(2) FANUC 0i – D 数控系统维修说明书;

(3) 数控机床电气原理图。

二、工具、材料准备

本任务需要配备的工具和材料清单如表 4 – 7 所示。

表 4 – 7　项目四任务 2 需要的工具和材料清单

类型	名称	规格	单位	数量
工具	万用表	UT33B	块	1
	螺丝刀	一字	套	1
	螺丝刀	十字	套	1
	尖嘴钳	200 mm	把	1
	剥线钳	TU – 5022	把	1
	电烙铁	ST	只	1
材料	焊锡	1 mm^2	卷	1
	松香	盒装	盒	1
	导线	0. 75 mm^2、1 mm^2、1. 5 mm^2	卷	若干
	记号管	白色	m	2

三、知识准备

1. 对主轴控制的要求

机床主轴的工作运动通常是旋转运动,不像进给驱动需要丝杠或其他直线运动装置的往复运动,因此对主轴的控制应当满足以下要求:

(1) 调速范围要宽并能实现无级调速;

(2) 恒功率范围要宽;

(3) 具有位置控制能力;

(4) 具有较高的精度与刚度,传动平稳,噪声低;

（5）具有良好的抗振性和热稳定性。

2. 主轴传动方式

常见的数控机床主轴传动方式有以下5种：

（1）普通三相异步电动机配置变速齿轮实现主轴传动。三相异步电动机转速公式为

$$n = \frac{60f(1-s)}{p} \tag{4-1}$$

其中，f 是交流电源频率，s 是电动机转差率，p 是电动机极对数。

在工频情况下，电动机转速恒定，主轴的调速只能通过齿轮变速换挡实现，主轴正转、反转和停止分别通过 M03、M04 和 M05 指令由 PLC（PMC）编程控制实现。当主轴需要调速时，可执行 M00 指令使加工程序暂停，然后手动换挡到加工工艺需要的速度，再循环启动继续加工。这是最经济的一种主轴传动方式，但不能实现无级调速。由于电动机始终工作在额定转速下，经齿轮减速后，在主轴低速下输出力矩大，因此重切削能力强，能够满足粗加工和半精加工的要求。图 4-7 为普通笼型异步电动机配齿轮变速箱。

图 4-7　普通笼型异步电动机配齿轮变速箱

（2）三相异步电动机配置变频器实现主轴传动。由式（4-1）可知，改变电动机工作频率可以实现电动机调速，变频器的作用就是改变电动机的工作频率。电动机和主轴常使用同步带连接，主轴正转、反转、停止及调速都是通过编制加工程序由 PLC（PMC）控制实现的，S 代码由 CNC 系统处理，将信号传输给变频器，再由变频器控制三相异步电动机调速，实现主轴无级调速。这种情况下，主轴电动机只有工作在 500 r/min 以上才能有合适的力矩输出，否则很容易出现堵转的情况，适用于需要无级调速但对低速和高速都不要求的场合。图 4-8 为普通笼型异步电动机配变频器。

（3）三相异步电动机配置变频器和变速齿轮箱实现主轴传动。这种主轴传动方式兼有上述两种传动方式的优点，主要是变速齿轮箱能在主轴低速时传递较大的转矩，弥补了电动机直接带动主轴时低速区输出转矩小的弊端。且由于变频器驱动三相异步电动机，从而能实现

图 4-8　普通笼型异步
电动机配变频器

主轴无级调速，两者组合扩大了主轴调速范围，因此可满足不同加工工艺的需要。主轴的正转、反转以及停止通过 M03、M04 和 M05 指令实现控制，齿轮换挡通过 M41、M42 和 M43

指令实现，S 代码调速由变频器实现。图 4 - 9 为三相异步电动机配齿轮变速箱及变频器。

图 4 - 9　三相异步电动机配齿轮变速箱及变频器

（4）主轴伺服电动机配置主轴伺服放大器实现主轴传动。主轴伺服电动机必须选用配套的主轴伺服放大器构成伺服主轴驱动系统，如图 4 - 10 所示。其中，主轴伺服电动机用于主轴传动，具有刚性强、调速范围宽、响应快、速度高、过载能力强的特点，且主轴的正转、反转、停止和调速，通过指令 M03、M04、M05 和 S 代码实现，其价格比同功率变频器主轴驱动系统高。使用主轴伺服电动机还具有别的驱动系统所没有的优势，如伺服主轴还可以实现主轴定向（主轴准停）、刚性攻丝、CS 轮廓控制、主轴定位等特有功能，满足数控机床加工中特殊工艺需要。

（5）电主轴。电主轴是在数控机床领域出现的将机床主轴与主轴电动机融为一体的新技术，它与直线电动机技术、高速刀具技术一起，把高速加工推向了一个新时代。电主轴是一套组件，包括电主轴本身及其附件，具体有电主轴、高频变频装置、油雾润滑器、冷却装置、内置编码器、换刀装置等。电动机的转子直接作为机床的主轴，主轴单元的壳体就是机座，并且配合其他零部件，实现电动机与机床的"零传动"。图 4 - 11 所示为电主轴。

图 4 - 10　伺服主轴驱动系统　　　　　　**图 4 - 11　电主轴**

3. 主轴换挡控制技术

主轴换挡控制技术是指通过一定的传动比来获得较宽的主轴转速范围和较高的转矩输出。对于采用变频器等主轴驱动装置的主轴电动机，可实现主轴的无级调速，但其低速段的输出转矩常无法满足机床强力切削的要求，出现转矩不足的情况。在这种情况下，若要满足转矩要求，就要增大主轴电动机的功率，从而增加成本。所以，我们通常采用齿轮换挡和无级调速相结合的分挡无级调速方式来满足需要。电动机的扭矩、功率、转速的关系为

$$T = 9\ 545.5\ \frac{P}{n}$$

其中，P—电动机轴的机械功率；n—转速。

由上公式可知，当功率不变时，转速降低，扭矩增加。

换挡方式主要有以下4种：

（1）手动换挡；

（2）液压拨叉换挡（另需一套液压装置和检测元件，确保换挡成功）；

（3）电磁离合器换挡；

（4）自动换挡，由辅助指令 M41～M44，或 S 代码根据转速范围自动换挡，具体的控制由 PLC 完成。

4. FANUC 数控系统主轴控制方式

FANUC 数控系统主轴控制方式主要有两大类：模拟主轴控制和串行主轴控制。模拟主轴控制即为传统的模拟量控制，从 CNC 系统输出 0～±10 V 的模拟电压控制主轴电动机的转速及转向；串行主轴控制是由从 CNC 系统输出的控制指令（数据）控制主轴电动机的转速及转向。

1）模拟主轴控制

模拟主轴控制是 FANUC 数控系统输出模拟电压控制主轴，主轴调速由变频器控制，主轴电动机一般选用普通三相异步电动机或变频电动机，实现主轴的正转、反转、停止及调速等。图 4-12 所示为模拟主轴控制原理。

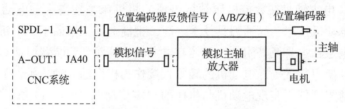

图 4-12 模拟主轴控制原理

数控装置的端口 JA40 输出 0～±10 V 的模拟电压，输送到模拟主轴放大器（通常是变频器），模拟主轴放大器控制电动机以一定的转速和转向转动。主轴的转速和转向是否达到控制要求，是由位置编码器来检测的。位置编码器把反馈信号输送到端口 JA41。数控系统根据反馈结果判断是否达到控制要求，如果没有达到控制要求，则系统的端口 JA40 会发出信号进一步控制，直至满足控制要求。变频主轴控制接线图如图 4-13 所示。

图 4-13 变频主轴控制接线图

2）串行主轴控制

串行主轴控制原理如图 4 – 14 所示。

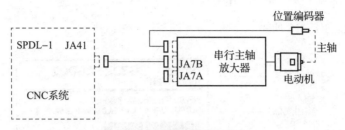

图 4 – 14　串行主轴控制原理

从 CNC 系统输出的控制指令（数据）控制主轴电动机的转速及转向，转向控制也由相应的参数决定。FANUC 0i – TD 系统最多可以控制 3 个串行主轴，FANUC 0i – MD 系统最多可以控制 2 个串行主轴，而 FANUC 0i mate TD/MD 系统则只能控制单个串行主轴。当使用 1 个串行主轴时，直接从 CNC 系统的端口 JA41 连接到串行主轴放大器；当使用 2 个主轴时，从第 1 轴放大器的端口 JA7A 连接到第 2 主轴放大器的端口 JA7B。当使用 3 个串行主轴时，使用主轴指令分线盒。从 CNC 系统的端口 JA40 到分线盒，从分线盒上的端口 JA7A – 1 到第 1 主轴放大器，从分线盒上的端口 JA7A – 2 到第 3 主轴放大器。主轴的连接如图 4 – 15 所示。

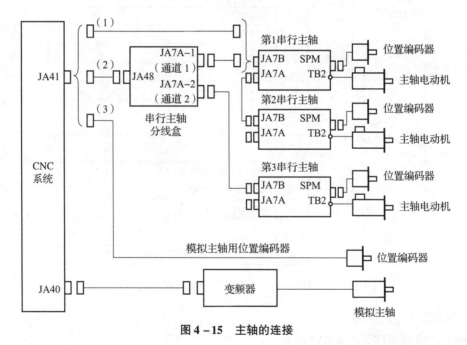

图 4 – 15　主轴的连接

5. 变频器基本知识

变频器即电压频率变换器，是一种将固定频率的交流电变换成频率、电压连续可调的交流电，以供电动机运转的装置。目前，通用变频器几乎都是交流 – 直流 – 交流型变频器，即首先将频率固定的交流电整流成直流电，经过滤波，再将平滑的直流电逆变成频率连续可调的交流电。由于变频器把直流电逆变成交流电的环节较易控制，因此在频率的调节范围以及改善频率后电动机的特性等方面都有明显的优势，目前通用变频器已得到广泛应用。下面以图 4 – 16 中的变频器 3G3JZ – AB002 为例，介绍变频器的使用方法。

1）变频器铭牌

变频器铭牌如图 4 – 16 所示。

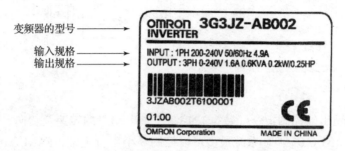

图 4 – 16　变频器铭牌

2）变频器命名规则

变频器的命名规则如图 4 – 17 所示。

图 4 – 17　变频器的命名规则

3）变频器的接线原理图

变频器的接线原理如图 4 – 18 所示。

注意：

（1）控制回路端子初始为 NPN 配线，可通过时序输入方法切换 SW 的设定变更为 PNP 输入；

（2）频率指令输入 AI 初始为电压输入，可通过模拟输入选择方法切换 SW 和参数设定变更为电流输入。

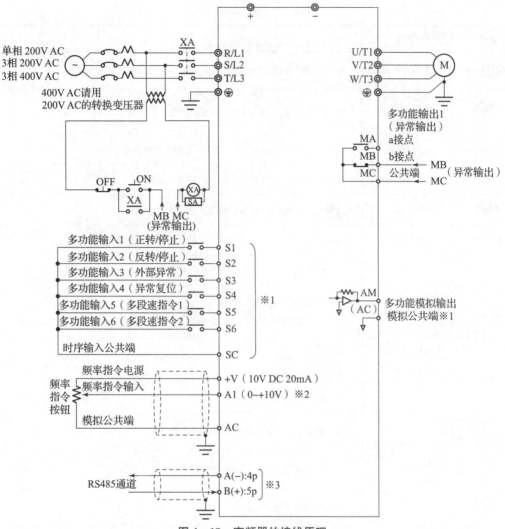

图 4 – 18 变频器的接线原理

4）数字操作器

变频器的数字操作器的操作面板如图 4 – 19 所示，操作键的介绍如表 4 – 8 所示。

1—数据显示部；2—状态显示 LED；3—操作键；4—频率指示旋钮。

图 4 – 19 变频器的数字操作器的操作面板

表 4 - 8　操作键的介绍

图示	名称	功能
8.8.8.8	数据显示部	显示频率指令值、输出频率数值及参数常数设定值等相关数据
(旋钮)	频率指令旋钮	通过旋钮设定频率时使用，设定范围为 0 Hz ~ 最高频率
RUN·	运转显示	运转状态下此 LED 灯亮，运转指令 OFF 时在减速中闪烁
FWD·	正转显示	正转指令时此 LED 灯亮，从正转移至反转时闪烁
REV·	反转显示	反转指令时此 LED 灯亮，从反转移至正转时闪烁
STOP·	停止显示	停止状态下此 LED 灯亮，运转中低于最低输出频率时闪烁
·	进位显示	在参数等显示中显示 5 位数值的前 4 位时此 LED 灯亮
(状态键图标)	状态键	按顺序切换变频器的监控显示； 在参数常数设定过程中，此键为跳过功能
(输入键图标)	输入键	在监控显示的状态下，按此键进入参数编辑模式； 在决定参数显示参数设定值时使用； 在变更参数设定值时按下进行确认
(减少键图标)	减少键	减少频率指令、参数号、参数的设定值
(增加键图标)	增加键	增加频率指令、参数号、参数的设定值
RUN	RUN 键	启动变频器（仅限于用数字操作器选择操作/运转时）
STOP RESET	STOP/RESET 键	使变频器停止运转（只在参数 n2.01 设定为 "STOP 键有效" 时停止）； 变频器发生异常时可作为复位键使用

要进行各种操作模式的切换，可按下□键切换数据显示。接通电源后，连续按下模式键后，"数据显示部" 会按照按图 4 - 20 所示的顺序切换。

5）变频器参数设定

变频器部分参数的含义如下。

（1）参数 n2.00 为 "频率指令选择"，设定为 "0"，代表操作器的增量/减量键输入有效；设定为 "1"，代表操作器的频率指令旋钮有效；设定为 "2"，代表频率指令输入 A1 端子（电压输入 0 ~ 10 V）有效。

（2）参数 n2.01 为 "运行指令选择"，设定为 "0"，代表操作器的 RUN/STOP 键有效；设定为 "1"，代表控制回路端子有效，操作器的 RUN/STOP 键也有效；设定为 "2"，代表控制回路端子有效，操作器的 RUN/STOP 键无效。

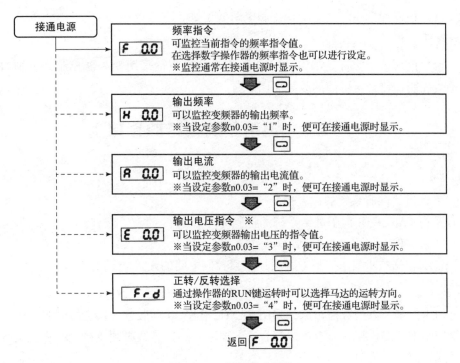

图 4 – 20 操作模式切换

【任务实施】

任务一：在 MDI 方式下输入指令 "S50 M03" 并执行，观察主轴能否启动；然后输入 "S200 M03" 并执行，观察主轴能否启动。

记录：_____

_____

_____

任务二：在 MDI 方式下输入指令 "S700 M03" 并执行，利用万用表测量变频器模拟电压输入端的电压值；在 MDI 方式下输入指令 "S700 M04" 并执行，利用万用表测量变频器模拟电压输入端的电压值。

执行指令 "S700 M03" 时测得的电压值：_____

执行指令 "S700 M04" 时测得的电压值：_____

主轴控制类型（单极性主轴还是双极性主轴）：_____

根据测量值，判断主轴最高转速：_____

任务三：指出变频器型号，并明确其型号含义。

变频器型号：_____

型号含义：_____

_____

_____

任务四：绘制模拟主轴控制电气原理图，原理图应体现 CNC 系统、变频器、主轴电动机、位置编码器等部件。

任务五：在数控机床上完成主轴控制电路的连接。

【任务拓展】

有一台数控车床，配备 FANUC 0i TD 数控系统，主轴采用变频器控制，主轴启动后主轴转速不受控制，请分析可能的故障原因。

任务3 进给控制电路的连接

【任务目标】

（1）掌握进给伺服系统的位置控制形式。

（2）掌握 FANUC 0i 伺服进给系统的控制原理。

（3）掌握急停与伺服上电控制原理。

（4）能够根据技术要求完成数控机床进给控制电路的连接。

【任务描述】

某公司生产某一系列数控车床，采用 FANUC βiSV20 伺服放大器进行伺服控制，现需要完成进给控制电路的连接，要求接线符合工艺要求，连接导线必须压接接线头，走线合理规范，信号线远离动力电源线。

【任务准备】

一、资料准备

本任务需要的资料如下：

（1）FANUC 0i – D 数控系统硬件连接说明书；

（2）FANUC 0i – D 数控系统维修说明书；

（3）数控机床电气原理图。

二、工具、材料准备

本任务需要的工具和材料清单如表4－9所示。

表4－9　项目四任务3需要的工具和材料清单

类型	名称	规格	单位	数量
工具	万用表	UT33B	块	1
	螺丝刀	一字	套	1
	螺丝刀	十字	套	1
	尖嘴钳	200 mm	把	1
	剥线钳	TU－5022	把	1
	电烙铁	ST	只	1

类型	名称	规格	单位	数量
材料	焊锡	1 mm²	卷	1
	松香	盒装	盒	1
	导线	0.75 mm²、 1 mm²、 1.5 mm²	卷	若干
	记号管	白色	m	2

三、知识准备

1. 伺服系统概述

"伺服"一词源于希腊语"奴隶"的意思，就是非常听从指令。伺服系统是指以机械位置或角度作为控制对象的自动控制系统，它接受来自数控装置的进给指令，经变换、调节和放大后驱动执行件作直线或旋转运动。伺服系统是数控装置和机床的联系环节，是数控机床的重要组成部分。由于不同的数控机床所完成的加工任务不同，因此不同机床对伺服进给系统的要求也不尽相同，但通常可概括为以下6个方面。

（1）输出位置精度要高。静态上要求定位精度和重复定位精度要高，以保证加工尺寸的精度。动态上要求跟随精度高，以保证加工轮廓的精度。

（2）响应速度快且无超调。这是对伺服系统动态性能的要求，即在无超调的前提下，执行部件运动速度的到达时间应尽可能短。

（3）调速范围要宽且要有良好的稳定性。

（4）负载特性要硬。在系统负载范围内，当负载变化时，输出速度应基本不变，即 ΔF 尽可能小；当负载突变时，要求速度的恢复时间短且无振荡，即 Δt 尽可能短；此外，还要有足够的过载能力。

（5）可逆运行和支持频繁灵活地启停。

（6）系统的可靠性高，维护、使用方便，成本低。

综上所述，对伺服系统的要求包括静态和动态特性两方面；对高精度的数控机床的动态性能的要求更严。

2. 伺服进给系统的位置控制形式

伺服进给系统按控制方式可分为开环系统和闭环系统，其中闭环系统通常是具有位置反馈的伺服系统。根据位置检测装置所在位置的不同，闭环系统又分为半闭环系统和全闭环系统。其中，半闭环系统包括将位置检测装置装在丝杠端头和装在电动机轴端两种类型，前者把丝杠包含在位置环内，后者则完全置机械传动部件于位置环之外；全闭环系统的位置检测装置安装在工作台上，机械传动部件整个被包含在位置环之内。闭环系统的控制形式包括半闭环控制和全闭环控制。

1）半闭环控制

半闭环控制原理如图 4-21 所示。

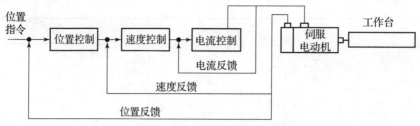

图 4 - 21 半闭环控制原理

当数控机床采用半闭环控制时，进给伺服电动机的内装编码器的反馈信号既作为速度反馈信号，又作为丝杠的位置反馈信号。

2）全闭环控制形式

全闭环控制原理如图 4 - 22 所示。

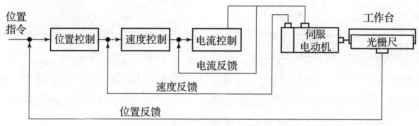

图 4 - 22 全闭环控制原理

如果数控机床采用位置检测装置作为位置反馈信号，则伺服进给控制形式为全闭环控制。在全闭环控制形式中，伺服进给系统的速度反馈信号来自伺服电动机的内装编码器信号，而位置反馈信号是来自位置检测装置的信号。

3. 伺服放大器

FANUC 伺服控制系统，无论是 αi 或 βi 的伺服控制，其外围连接电路都有很多类似的地方，且都可分为光缆连接、控制电源连接、主电源连接、急停信号连接、MCC 连接、主轴指令连接（指串行主轴，模拟主轴接在变频器中）、伺服电动机主电源连接、伺服电动机编码器连接等内容。目前常用的伺服放大器类型有 αi 伺服放大器、$\beta iSVSP$（一体化结构）、$\beta iSVM$（I/O Link）、$\beta iSVM$（FSSB）等。

1）αi 伺服放大器

FANUC αi 系列伺服放大器用于驱动 αi 系列伺服电动机，它具有体积小，功耗低（比 α 系列减少 10% 左右）等优点，有普通型和高压型两种，需要电源模块配合使用。αi 伺服放大器连接图如图 4 - 23 所示，其使用说明如下。

（1）主断路器接通后，端口 CX1A 输入伺服放大器控制用 AC 200 V 电压。

（2）通过电源模块的 AC 200 V 转变为 DC 24 V，作为控制电源。通过端口 CXA2A、CXA2B，向各个模块提供 DC 24 V 电源。

（3）CNC 装置的电源接通，解除急停后，通过 FSSB 光缆发出 MCC 吸合信号。同时，通过伺服放大器端口 CX4，解除伺服放大器的急停信号。

（4）端口 CX3 是用来使得内部 MCC 吸合，从而控制外围的动力电缆。

（5）电源模块把输入的 AC 200 V 电源整流转换成 DC 300 V 输出。

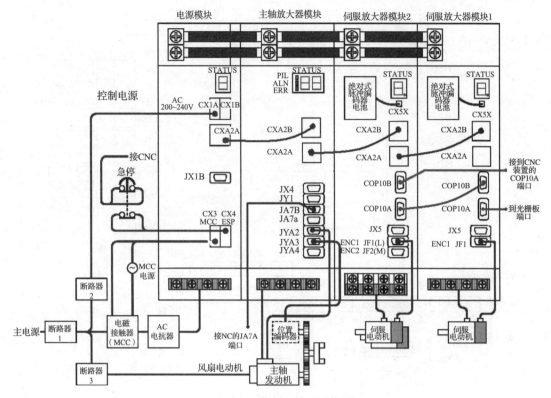

图 4 – 23　αi 伺服放大器连接图

注意:

电源接通后,电源模块输出 DC 300 V 电源的时间大约为 3 s;电源切断后,放电时间需要 20 min 以上,因此不能接触端子,以免发生触电危险。

(6) JF1/JF2/JF3 的接线主要是伺服电动机的反馈信号,包括伺服电动机的位置、速度、旋转角度等的检测信号。

(7) COP10B 为伺服串行总线(FSSB)端口,与 CNC 装置的 COP10A 连接,端口 COP10A 与下一个伺服单元的端口 COP10B 连接(光缆)。

2)带主轴的 βi 伺服放大器

带主轴的 βi 伺服放大器(SPVM)是一体型放大器,其连接如图 4 – 24 所示。3 个(或 2 个)伺服电动机的动力线端口是有区别的,CZ2L(第一轴)、CZ2M(第二轴)、CZ2N(第三轴)分别对应为 XX、XY、YY,FANUC 公司提供的动力线一般都是将插头盒单独放置,用户自己根据实际情况装入,所以在装入时要注意一一对应。

SVPM 的使用说明如下。

(1) 主断路器接通后,端口 TB1 输入伺服放大器控制用 AC 200 V 电压。

(2) CZ2L/CZ2M/CZ2N(K21)是用来驱动伺服电动机进行旋转的动力线端口。

(3) COP10B、CX4(＊ESP)、CX3(MCC)、电动机反馈 JF1/JF2/JF3 端口的定义同 αi 放大器。

(4) 在 βi 放大器上,并没有 αi 系列放大器中电源模块上的 DC 300 V 短路棒。但是,放大器内部依然会将输入放大器的 AC 200 V 电源转换为 DC 300 V 电源,并用的 LED 指示

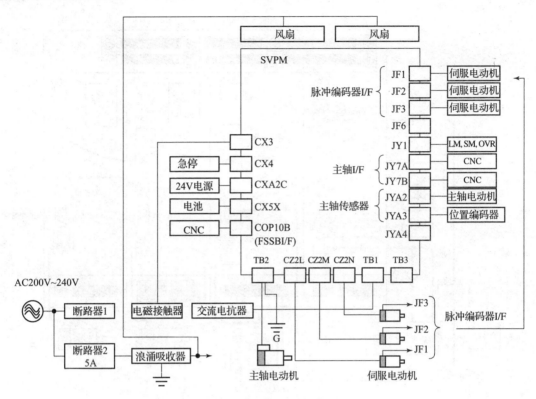

图 4-24　SVPM 连接图

灯表示。电源切断后，放电时间需要 20 min 以上，因此不能接触端子，以免发生触电危险。

（5）伺服电动机动力线和反馈线都带有屏蔽，一定要将屏蔽做接地处理，并且信号线和动力线要分开接地，以免由于干扰而报警。

3）不带主轴的 βi 伺服放大器

不带主轴的 βi 伺服放大器是单轴型或双轴型的，它没有独立的电源模块，主要分为 SVM1-4/20、SVM40/80 和双轴 SVM2-20/20，主要区别在于电源和电动机动力线的连接。βi 系列伺服单元如图 4-25 所示，下面对其端口分别加以介绍：

（1）L1、L2、L3：主电源输入端端口。

（2）U、V、W：伺服电动机的动力线端口。

（3）DCC/DCP：外置放电电阻端口。

（4）CXA20：外置放电电阻温度报警输入端口。

（5）CX29：MCC 控制信号的端口，当伺服系统和 CNC 系统没有故障时，CNC 系统向伺服放大器发出使能信号，伺服放大器内部继电器吸合，该继电器触点 MCC 吸合。

（6）CX30：外部急停信号端口。

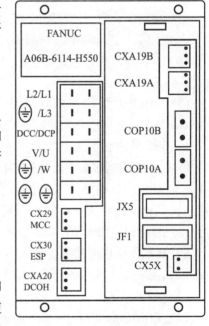

图 4-25　βi 系列伺服单元

（7）CXA19B：DC 24 V 控制电路电源输入端口，连接外部 24 V 稳压电源。

（8）CXA19A：DC 24 V 控制电路电源输出端口，连接下一个伺服单元的 CXA19B。

（9）COP10B：伺服串行总线（FSSB）端口，与 CNC 系统的 COP10A 连接（光缆）。

（10）COP10A：伺服串行总线（FSSB）端口，与下一个伺服单元的 COP10B 连接（光缆）。

（11）JX5：伺服检测板信号端口。

（12）JF1：伺服电动机内装编码器信号端口。

（13）CX5X：伺服电动机编码器为绝对编码器的电池端口。

4. 伺服电动机

FANUC 伺服电动机主要有 αi 系列和 βi 系列两种，αi 系列伺服电动机适用于需要极其平滑的旋转和卓越的加速能力的机床进给轴，βi 系列伺服电动机是性价比较高的交流伺服电动机，具有机床进给轴需要的基本性能。

1）电动机型号

对于型号为 βiS12/3000 的伺服电动机，型号中的两个数字分别表示了伺服电动机的失速转矩和最高转速。型号的具体解释如下：

（1）β：伺服电动机系列名称；

（2）i：系列号；

（3）s：电动机类型，s 为强磁材料；

（4）12：失速转矩（N·m）；

（5）3000：最高转速（r/min）。

2）工作特性

伺服电动机的工作特性由功率、转矩、转速等参数表示。βiS12/3000 的功率为 1.8 kW，额定转速为 2 000 r/min，失速转矩为 11 N·m，其工作特性曲线如图 4-26 所示。

从图 4-26 中可以看出，电动机在额定转速下的转矩与失速转矩相比，有些下降。随着转速的上升，总体上转矩将下降，而当转速大于额定转速时，转矩输出则下降非常快。因此，通常伺服电动机的工作转速在额定转速以下。

5. 接线注意事项

1）光缆连接注意事项

光缆（FSSB 总线）的连接如图 4-27 所示。

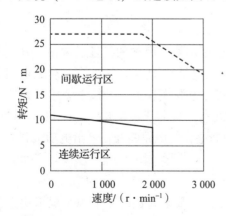

图 4-26 βiS12/3000 的工作特性曲线

图 4-27 FSSB 连接图

FANUC 的 FSSB 总线采用光缆通信，在硬件连接方面，遵循从 *A* 到 *B* 的规律，即 COP10A 为总线输出，COP10B 为总线输入，需要注意的是光缆在任何情况下都不能折叠，以免损坏。

2）控制电源连接注意事项

控制电源采用 DC 24 V 电源，在上电顺序中，优先系统通电。此外，必须注意 DC 24 V 电源输入的正负极。

3）急停与伺服上电控制回路连接的注意事项

当 FSSB 总线与 I/O Link 的连接完成后，还需要对急停回路与伺服上电回路进行连接，以构成一个简单的数控机床控制回路，如图 4 - 28 所示，下面分别对这两个部分进行介绍。

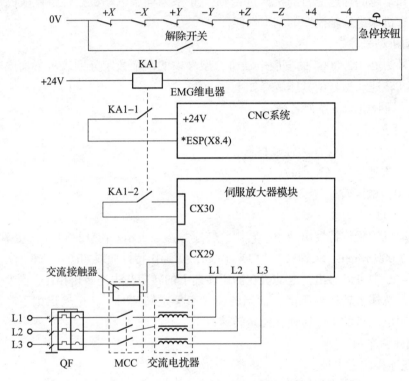

图 4 - 28　急停与伺服上电控制原理图

（1）急停控制回路。

急停控制回路一般是由"急停"开关和"各轴超程开关"串联的，且通常使用开关的动断触点。在这些串联回路中还串联一个 24 V 急停继电器线圈，继电器的一对触点接到 CNC 系统的急停输入上，另一对触点接到伺服放大器的电源模块上。若按下急停按钮或机床运行时超程（行程开关断开），则急停继电器线圈断电，其常开触点 KA1 - 1 和 KA1 - 2 断开，从而导致控制单元发出急停报警，主接触器线圈断电，主电路断开，进给电动机和主轴电动机停止运行。

（2）伺服上电回路。

伺服上电回路是给伺服放大器主电源供电的回路，伺服放大器的主电源一般采用三相 220 V 的交流电源，通过交流接触器接入伺服放大器，交流接触器的线圈受到伺服放大器的

CX29 的控制，当 CX29 闭合时，交流接触器的线圈得电使 MCC 吸合，给放大器通入主电源。

6. 伺服放大的维护

为了实现伺服放大器的长期使用，确保设备的高性能、高稳定性，必须实施日常性的维护和检查，具体项目及判定标准如表 4 – 10 所示。

表 4 – 10　伺服放大器检查表

检查部位	检查项目	检查周期		判定基准
		日常	定期	
环境	温度	○		强电柜四周 0 ~ 45 ℃ 强电柜内 0 ~ 55 ℃
环境	湿度	○		≤90% RH（不应结露）
环境	尘埃、油污	○		伺服放大器附近不应黏附有此类物质
环境	冷却风通道	○		风流动畅通 冷却风扇电动机运行正常
环境	异常振动、响声	○		不应有以前没有的异常响声或振动 放大器附近的振动应小于等于 0.5 G
环境	电源电压	○		αi 系列：应在 200 ~ 240 V 范围内 αHVi 系列：应在 400 ~ 480 V 范围内
放大器	整体是否出现异常响声和异常气味	○		无异常声响和气味
放大器	整体是否黏附有尘埃、油污 是否出现异常响声和异常气味	○		无尘埃、油污 无异常声响和气味
放大器	螺丝是否有松动		○	连接稳固，无松动
放大器	风扇电动机是否运转正常	○		不应有尘埃、油污 不应有异常振动、响声
放大器	连接器是否有松动		○	连接稳固，无松动
放大器	电缆是否有发热迹象 包覆是否出现老化（变色或者裂纹）		○	无发热迹象 包覆未出现老化（变色或裂纹）
外围设备	电磁接触器是否出现异响以及颤动		○	无异响及颤动
外围设备	漏电断路器		○	漏电跳闸装置应正常工作
外围设备	AC 电抗器		○	不应有嗡嗡声响

注：○表示应当采取的检查周期。

【任务实施】

任务一：找到端口 L1、L2、L3、U、V、W、DCC/DCP、CXA20、CX29、CX30、CXA19B、CXA19A、COP10B、COP10A、JX5、JF1、CX5X，并明确其功用。

记录：_____

_____

任务二：在断电情况下，依次拔下如下电缆，观察和分析伺服报警。

（1）拔下 FSSB 命令电缆 COP10A（注意 FSSB 脆，易折断），报警现象记录和分析：___

_____

（2）拔下 CXA19B 电缆，报警现象记录和分析：_____

_____

（3）拔下 CX29 电缆，报警现象记录和分析：_____

_____

（4）拔下 CX30 电缆，报警现象记录和分析：_____

_____

（5）恢复连接，然后开机，确保系统无报警，正常工作。

任务三：指出伺服放大器和伺服电动机的型号及含义。

伺服放大器型号：_____

伺服电动机的订货号：_____

伺服电动机的额定转速：_____

伺服电动机的连续输出功率：_____

伺服电动机的失速转矩：_____

伺服电动机的额定转矩：_____

任务四：观察正常（无报警）通电状态下旋转伺服电动机，能否转动？断电状态下旋转伺服电动机，为什么有的能自由转动，有的却不能，试分析原因。

记录：_____

_____

任务五：写出伺服电动机编码器的型号，明确其为绝对型还是增量型。

型号：_____

类型：_____

任务六：查看实物图，画出伺服进给控制电路的电气原理图，原理图应能体现 CNC 系统、X 轴伺服放大器、X 轴伺服电动机、Z 轴伺服放大器、Z 轴伺服电动机等部件。

任务七：在数控机床上完成进给控制电路的连接。

【任务拓展】

某工厂有一台 CAK4085 数控机床，配备 FANUC 0i–D 数控系统，机床上电后，手动方式移动各进给轴，工作台不能移动，手轮方式移动各进给轴，工作正常，请分析可能的故障原因。

任务4 辅助控制电路的连接

【任务目标】

（1）掌握数控车床刀架控制电路的工作原理。
（2）掌握数控车床冷却控制电路的工作原理。
（3）能够根据技术要求完成刀架、冷却等辅助控制电路的连接。

【任务描述】

某公司生产某一系列数控车床，采用 LDB4 - 6 系列电动刀架，现需要完成刀架、冷却等辅助控制电路的连接，要求接线符合工艺要求，连接导线必须压接接线头，走线合理规范，信号线远离动力电源线。

【任务准备】

一、资料准备

本任务需要的资料如下：
（1）FANUC 0i - D 数控系统硬件连接说明书；
（2）FANUC 0i - D 数控系统维修说明书；
（3）数控机床电气原理图。

二、工具、材料准备

本任务需要的工具和材料清单如表4 - 11 所示。

表4 - 11　项目四任务4 需要的工具和材料清单

类型	名称	规格	单位	数量
工具	万用表	UT33B	块	1
	螺丝刀	一字	套	1
	螺丝刀	十字	套	1
	尖嘴钳	200 mm	把	1
	剥线钳	TU - 5022	把	1
	电烙铁	ST	只	1
材料	焊锡	1 mm²	卷	1
	松香	盒装	盒	1
	导线	0.75 mm²、1 mm²、1.5 mm²	卷	若干
	记号管	白色	m	2

三、知识准备

1. 刀架控制电路

回转刀架是数控车床最常用的换刀装置，一般通过液压或电气系统来实现机床的自动换刀动作，根据加工要求可设计成四方、六方或圆盘式刀架，并相应地安装 4 把、6 把或更多的刀具。回转刀架的换刀动作可分为刀架抬起、刀架转位和刀架锁紧等步骤。

1）电动四方刀架的工作原理

CNC 系统发出换刀信号，刀架电动机正转，继电器动作，通过减速机构和升降机构将上刀体上升至一定位置，离合盘动作，带动上刀体旋转到所选择刀位，发讯盘发出刀位信号，刀架电动机反转继电器动作，电动机反转，完成初定位后上刀体下降，齿牙盘啮合，完成精确定位，并通过升降机构锁紧刀架。

2）霍尔元件

刀架电气控制的类型很多，本书以霍尔元件检测刀位的简易刀架为例说明。这种刀架只能单方向换刀，电动机正转换刀，反转锁紧。刀架锁紧时刀架电动机实际上是一种堵转状态，因此刀架电动机反转的时间不能太长，否则会损坏电动机。

刀架上的每一个刀位都配备一个霍尔元件，如 4 工位刀架，需要配备 4 个霍尔元件。霍尔元件的常态是截止，当刀具转到工作位置时，利用磁体使霍尔元件导通，将刀架的位置信号发送至 PLC 的数字输入。磁铁和霍尔元件位置如图 4 – 29 所示。

1—霍尔元件；2—磁铁。

图 4 – 29 磁铁和霍尔元件位置

3）刀架电动机正反转的实现

电动刀架的电气部分包括强电和弱电两部分，强电部分由三相电源驱动三相交流异步电动机正、反旋转从而实现电刀架的松开、转位、锁紧等动作；弱电部分主要由位置传感器——发讯盘采用霍尔传感器发讯。

图 4 – 30 为刀架电动机的控制电路，正转继电器的线圈 KA7 与反转继电器的一组常闭触点串联，而反转继电器的线圈 KA8 又与正转继电器的一组常闭触点串联，这样就构成了正转与反转的互锁电路，避免控制系统失控导致短路。KM3、KM4 接触器用于实现刀架电动机的正反转。

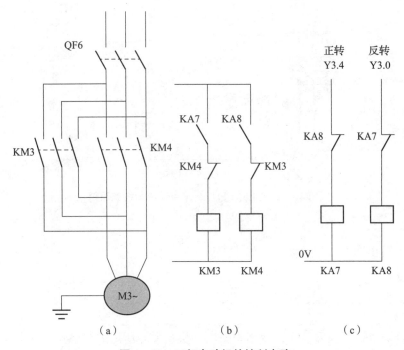

图 4 – 30　刀架电动机的控制电路

（a）主电路；（b）刀架交流控制回路；（c）刀架直流控制回路

4）收信电路

图 4 – 31 为刀架发信盘上的霍尔元件，其中发讯盘上的 4 只霍尔开关都有 3 个引脚，第 1 引脚接 + 24 V 电源，第 3 引脚接 0 V 地，第 2 引脚为输出。转位时刀台带动磁铁旋转，当磁铁对准某一个霍尔开关时，其输出端第 2 引脚输出低电平；当磁铁离开时，第 2 引脚输出高电平。

2. 冷却控制

当进行机械切削时，为提高刀具的寿命，保证切削效果，必须对刀具和工件进行冷却。冷却系统的可靠与否，关系到工件的加工质量与机床运行的稳定。机床的冷却系统是由冷却泵、水管、电动机及控制开关灯等组成，冷却

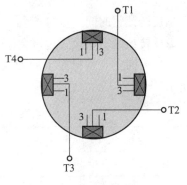

图 4 – 31　刀架发信盘上的霍尔元件

泵安装在机床底座的内腔里，冷却泵将冷却液从底座泵出，经水管从喷嘴喷出，对切削部分进行冷却。冷却液控制可以通过控制面板手动状态下，按相应的控制键启动或者停止，也可以通过编制程序"M07"或"M08"启动冷却，"M09"停止冷却。

YL559 数控车床手动冷却控制原理如图 4 – 32 所示，在手动按下冷却液开关后，经过 PLC 处理，使得 Y3.7 接通。根据控制原理图，Y3.7 接通后，KA1 的线圈通电，其常开触点闭合，从而使 KM1 的线圈通电，机床电源开关 QF2 随之闭合，在冷却电动机不过载的情况下即 KM1 接通的情况下，冷却电动机接通，冷却液开启成功。

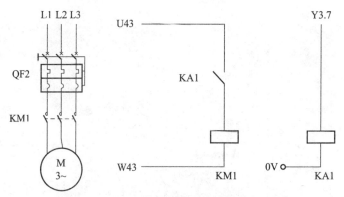

图 4 - 32　YL559 数控车床手动冷却控制原理

【任务实施】

任务一：写出四方刀架的换刀工作步骤。

换刀步骤：_____

_____

任务二：通过执行换刀动作，找出刀架电动机正反转所用的接触器及继电器。

操作步骤：_____

_____

任务三：刀架反转锁紧时间一般为 1. 2 ~ 1. 5 s。

反转锁紧时间设置过长会 _____

反转锁紧时间设置过短会 _____

任务四：观察机床上的刀架信号端口和刀架电动机线端口是否如表 4 - 12 和表 4 - 13 所示。

表 4 - 12　刀架信号端口 (15 芯孔式插头)

引脚	1	2	3	4	5	6	7	8	9	10	11	12	13	14	15
功能	T1	T2	T3	T4	T5	T6			到位	电源					
线色	黄	橙	蓝	白	粉红	紫			绿	红					

表 4 - 13　刀架电动机线端口 (4 芯针式航空插头)

引脚	1	2	3	4
功能	PE	U	V	W
线色	黄绿	黑	黑	黑

记录：_____

_____

任务五：绘制刀架电气控制原理图。

任务六：在数控车床上完成刀架和冷却控制电路的连接。

【任务拓展】

某数控车床配四工位电动刀架，在进行换刀时，在 MDI 方式下启动换刀程序 T0303，刀架连续运转不停，最后出现换刀超时报警，其余刀位 T0101、T0202、T0404 均能够正常换刀。试分析可能的故障原因。

相 关专业英语词汇

hardware——硬件

LCD（Liquid Crystal Display）——液晶显示器

MDI（Manual Data Input）——手动数据输入

main spindle motor——主轴电动机

position coder——位置编码器

incremental encoder——增量型编码器

contactor——接触器

analog spindle——模拟主轴

convertor——变频器

serial spindle——串行主轴

data bus——数据总线

interface——端口

servo——伺服

drive——驱动

earth——接地

SVM（servo module）——伺服模块

power line——动力电缆

signal line——信号电缆

amplifier——放大器

nameplate——铭牌

battery——电池

compatibility——兼容性

shield——屏蔽

close loop control——闭环控制

APC（absolute pulse coder）——绝对脉冲编码器

hall element——霍尔元件

power-operated tool post——电动刀架

limit switch——限位开关

项目五　数控机床参数设定及调试

参数是数控机床的灵魂，数控机床软、硬件功能的实现是通过参数来控制的，机床的制造精度和维修后的精度恢复也需要通过参数来调整，如果没有参数，数控机床就等于是一堆废铁，如果 CNC 系统的参数全部丢失，将导致数控机床瘫痪。参数设置的正确与否将直接影响数控机床的精度和稳定性。本项目主要包括基本参数设定、主轴参数设定、进给参数设定任务。通过完成上述工作任务，学生能够具备数控机床参数设定与调试能力。

项 目要求

(1) 掌握数控系统的参数类型。
(2) 能够完成系统通用参数设定。
(3) 能够正确设定主轴、进给控制参数。
(4) 能够完成数控系统的参数备份和恢复。
(5) 具备及时发现参数设定过程中出现的新问题和解决这些问题的能力。

项 目内容

任务 1　基本参数设定
任务 2　主轴参数设定
任务 3　进给参数设定

任务 1　基本参数设定

【任务目标】

(1) 了解参数调试的意义。
(2) 掌握 FANUC 0i 数控系统的参数类型。
(3) 掌握 FANUC 0i 数控系统的通用参数。
(4) 能完成 FANUC 0i 数控系统的参数修改。
(5) 能够利用 CF 卡完成参数的备份和恢复。

【任务描述】

　　某公司生产某一系列数控车床，现要求根据机床测试情况完成一些基本参数的设定及修改任务，并完成参数的备份工作。

【任务准备】

一、资料准备

本任务需要的资料如下：

（1）FANUC 0i – D 数控系统的参数说明书；

（2）FANUC 0i – D 数控系统的维修说明书；

（3）该数控车床的使用说明书。

二、工具准备

本任务需要的工具清单如表 5 – 1 所示。

表 5 – 1　项目五任务 1 需要的工具清单

类型	名称	规格	单位	数量
工具	CF 卡	2G	个	1
	读卡器	SCRS028	个	1

三、知识准备

1. 参数概述

　　在计算机控制系统中，参数使系统的功能能适应不同的控制设备，体现了自动化设备应用的柔性化。当我们制造一部机床时，可以通过设置参数来告诉 CNC 系统该机床外部机电部件的规格、性能及数量，以便 CNC 系统准确地控制该机床的所有机电部件。例如，我们需要告诉 CNC 系统该机床的最大进给速度、最大行程和机床分辨率等数据。

　　数控系统中有关伺服控制的参数较多，不同生产厂家的数控系统在参数名称、种类及功能上不尽相同。参数设置的正确与否将直接影响进给运动的精度和稳定性，对于没有经验或权限的用户，禁止随意调整这些参数，否则容易使数控机床发生故障。

2. 参数的分类

　　数控系统的参数用于实现数控系统与机床各种功能的匹配，使数控机床的性能达到最佳。FANUC 0i 数控系统的参数类型如表 5 – 2 所示，位型参数如图 5 – 1 所示，字节型参数如图 5 – 2 所示，实数型参数如图 5 – 3 所示。

表 5 - 2　FANUC 0i 数控系统的参数类型

数据类型	数据范围	备注
位型	0 或 1	—
位轴型		
字节型	− 128 ~ 127	在一些参数中不使用符号
字节轴型	0 ~ 255	
字型	− 32 768 ~ 32 767	在一些参数中不使用符号
字轴型	0 ~ 65 535	
双字型	− 99 999 999 ~ 9 999 999	—
双字轴型		

注：①对于位型和位轴型参数，每个数据由 8 位组成。每个位都有不同的意义；②轴型参数允许参数分别设定给每个轴；③表中各数据类型的数据范围为一般有效范围，具体的参数值范围实际上并不相同，请参照各参数的详细说明。

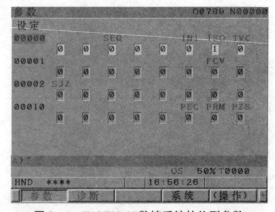

图 5 - 1　FANUC 0i 数控系统的位型参数

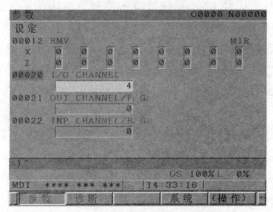

图 5 - 2　FANUC 0i 数控系统的字节型参数

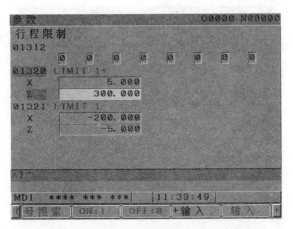

图 5 - 3 FANUC 0i 数控系统的实数型参数

3. 参数设定及修改

1）打开参数写保护开关

（1）将 NC 置于 MDI 方式或急停状态。

（2）使参数处于可写状态。方法是按 < SETTING > 功能键一次或多次后，再按 < SETTING > 键，可显示 SETTING 界面的第一页；将光标移至"写参数"处，将其设为 1，如图 5 - 4 所示。

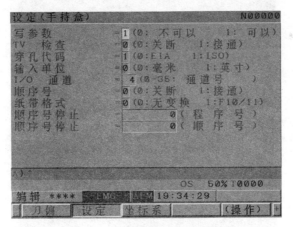

图 5 - 4 设定写参数的参数值

附予写参数的权限后，系统会出现 100 号报警，并自动切换到报警页面，如图 5 - 5 所示。可以设定参数 3111#7（NPA）为"1"，这样出现报警时系统页面就不会切换到报警页面。通常，发生报警时必须让操作者知道，因此上述参数缺省值为"0"。若同时按下 < RESET + CAN > 组合键，可消除 100 号报警。

2）进入参数设定界面

按 MDI 键盘上的 < SYSTEM > 功能键多次或按下 < SYSTEM > 功能键后，再单击"参数"按钮，即可进入参数界面，如图 5 - 6 所示。

3）输入参数号，单击"号搜索"按钮，根据参数号查找参数。

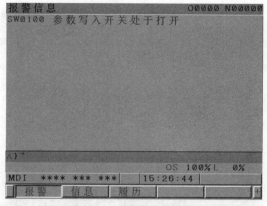

图 5-5　"报警信息"界面

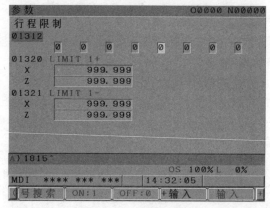

图 5-6　"参数"界面

4）参数修改

将光标移至待修改的参数处，输入要设定的数据，然后单击"输入"按钮，即可完成参数的设定，如图 5-7 所示。

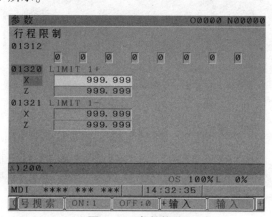

图 5-7　参数修改

4. 参数备份与恢复

参数备份的步骤如下：

（1）系统置于 MDI 或急停状态下；

（2）在 CNC 系统的设定界面将 20 号参数设为"4"；

（3）插入存储卡；

（4）机床操作面板上选择"编辑"模式；

（5）按下＜SYSTEM＞键，显示参数界面；

（6）在参数界面，顺序单击"操作""F（4）输出""全部""执行"按钮，输出CNC参数，输出文件名为"CNC – PARA. TXT"。

参数恢复的步骤如下：

（1）系统置于MDI或急停状态下；

（2）在CNC系统的设定界面将20号参数设为"4"；

（3）插入存储卡；

（4）将参数写保护开关打开；

（5）机床操作面板上选择"编辑"模式；

（6）按下＜SYSTEM＞键，显示参数界面；

（7）在参数界面，顺序按下"操作""F输入""执行"按钮，输入CNC参数；

（8）切断CNC电源再通电。

【任务实施】

任务一：写下利用存储卡完成数控机床参数备份的操作步骤。

操作步骤：_____

_____

_____

任务二：请在数控机床上查找下表所示的参数，明确参数类型及参数值，填写表5 – 3。

表5 – 3　数控机床各参数的状态及数据类型

参数号	参数值或各位状态	数据类型
20		
1020		
1320		
1321		
1815		
1423		
5148		

任务三：请在数控机床上将3401 #0设为"1"，1006#3设为"0"，然后执行指令"G00 U10;"，记录实际位移；然后将1006#3设为"1"后，再次执行指令"G00 U10;"，并记录实际位移。

第一次测量值：_____　　　　第二次测量值：_____

任务四：在数控机床上将1006#3设为"0"，3401 #0设为"1"后，执行指令"G00 U10;"（U10不加小数点），记录实际位移；然后将3401 #0设为"0"后，再次执行指令"G00 U10;;"（U10不加小数点），并记录实际位移。

第一次测量值：_____　　　第二次测量值：_____

任务五：写出将参数 1320 所在界面拷贝保存至 CF 卡的操作步骤。

操作步骤：_____

_____

_____

任务六：写出利用存储卡完成数控机床参数恢复的操作步骤。

操作步骤：_____

_____

_____

_____

【任务拓展】

将参数 3208#0 设为 "1" 后，按下 < POS > 键，然后按 < SYSTEM > 键，观察有何现象。

任务 2　主轴参数设定

【任务目标】

（1）掌握 FANUC 0i 数控系统模拟主轴控制的相关参数。

（2）掌握 FANUC 0i 数控系统串行主轴控制的相关参数。

（3）掌握主轴控制参数设定流程。

（4）能够根据技术要求完成 FANUC 0i 数控系统主轴参数的设定及调试。

【任务描述】

某公司生产某一系列数控车床，主轴采用三菱变频器进行驱动，主轴与主轴电动机采用三角带连接，主轴位置编码器线数为 1024，现需要完成主轴参数的设定及调试工作。

【任务准备】

一、资料准备

本任务需要的资料如下：

（1）FANUC 0i - D 数控系统参数说明书；

（2）FANUC 0i - D 数控系统维修说明书；

（3）该数控车床的使用说明书。

二、工具准备

本任务需要的工具清单如表 5 - 4 所示。

表 5 - 4　项目五任务 2 需要的工具清单

类型	名称	规格	单位	数量
工具	CF 卡	2G	个	1
	读卡器	SCRS028	个	1

三、知识准备

1. 主轴的控制与连接

FANUC 0i 系统主轴控制可分为模拟主轴控制和串行主轴控制。其中，模拟主轴控制即为传统的模拟量控制，从 CNC 系统输出 0 ~ ±10 V 的模拟电压来控制主轴电动机的转速及转向；串行主轴控制是指从 CNC 系统输出控制指令（数据）来控制主轴电动机的转速及转向。

1）串行主轴控制

FANUC 0i – TD 系统最多可以控制 3 个串行主轴，FANUC 0i – MD 系统最多可以控制 2 个串行主轴，而 FANUC 0i Mate TD/MD 系统则只能控制单个串行主轴。使用串行主轴时需要设置相关的参数，即将 SSN（8133#5）设定为"0"，A/S（3716#0）设定为"1"，3717 设定为"1"。串行主轴控制原理如图 5 – 8 所示。

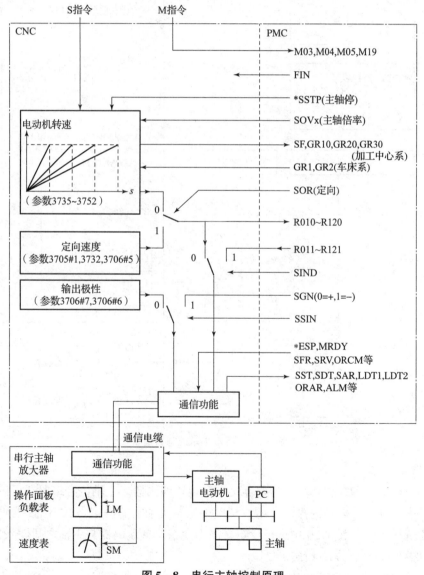

图 5 – 8　串行主轴控制原理

2）模拟主轴控制

模拟主轴控制原理如图 5 - 9 所示。主轴模拟输出最多可以控制 1 个模拟主轴，使用模拟主轴时，需要将参数 A/S（3716#0）设定为"0"，将参数 3717 设定为"1"。

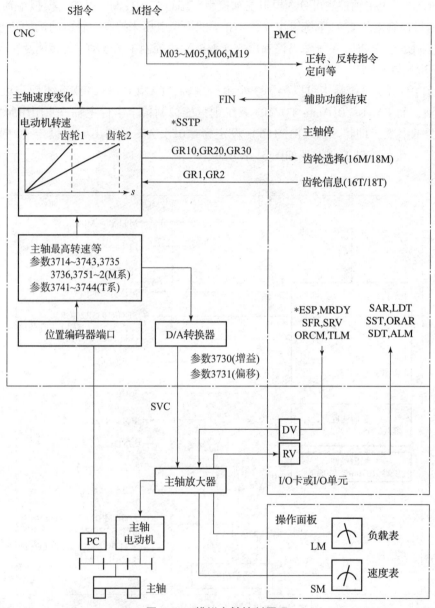

图 5 - 9　模拟主轴控制原理

3）位置编码器

要进行每转进给和螺纹切削，需要连接主轴位置编码器。主轴位置编码器可以进行主轴实际旋转速度以及一转信号的检测（螺纹切削中检测主轴上的固定点）。位置编码器的脉冲数可以任意选择，在参数 3720 中进行设定。当需要在位置编码器与主轴之间插入齿轮比时，可分别通过参数 3721、3722 设定。

当主轴采用串行端口控制时，位置编码器接到主轴伺服放大器中，由主轴伺服放大器通过通信电缆将位置编码信号送至 CNC 系统中进行处理。

当主轴采用模拟端口控制时，位置编码器直接接到 CNC 系统的专用端口。

2. 与主轴相关的参数的初始设定

1）串行主轴初始设定步骤

（1）步骤1：准备。

在急停状态下，进入"参数设定支援"界面，单击"操作"按钮，将光标移动至"主轴设定"处，单击"选择"按钮，出现"主轴设定"界面，如图 5-10 所示。此后的参数设定就在该页面中进行。

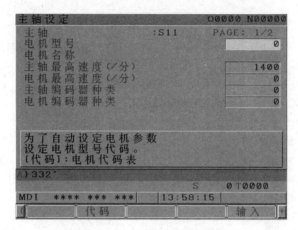

图 5-10　"主轴设定"界面

（2）步骤2：操作。

①电动机型号的输入。

可以在"主轴设定"界面下的"电动机型号"栏中输入电动机的型号。单击"代码"按钮，显示电动机型号代码界面。"代码"按钮在光标位于"电动机型号"项目时显示。此外，要从电动机型号代码页面返回到上一页面，可单击"返回"按钮。

电动机型号代码界面能够显示电动机型号代码所对应的电动机名称和放大器名称，将光标移动到希望设定的代码编号处，单击"选择"按钮，即可完成输入。若输入表中没有所需要的电动机型号时，可直接输入电动机代码。

②数据的设定。

在所有项目中输入数据后，单击"设定"按钮，CNC 系统即设定启动主轴所需的参数值。

正常完成参数的设定后，"设定"按钮将被隐藏起来，并且控制主轴参数自动设定的参数 SPLD（4019#7）置为"1"。当改变数据时，再次显示"设定"按钮，控制主轴参数自动设定的参数 SPLD（4019#7）置为"0"。

在项目中尚未输入数据的状态下，当单击"设定"按钮时，将光标移动到未输入数据的项目处，会显示"请输入数据"的提示。输入数据后单击"设定"按钮即可完成输入。

③数据的传输（重新启动 CNC 系统）。

只有在"设定"按钮隐藏的状态下将 CNC 系统断电重启后，才会完成启动主轴所需参数值的设定。"主轴设定"界面中需要进行设定的项目如表 5-5 所示。

表 5-5 "主轴设定"界面中需要进行设定的项目

项目名	参数号	简要说明	备注
电动机型号	4133	设定为自动设定电动机参数的电动机型号	参数值也可通过查阅主轴电动机代码表直接输入
电动机名称	—	—	根据所设定的"电动机型号"显示名称
主轴最高速度 /(r·min⁻¹)	3741	设定主轴的最高速度	该参数设定主轴第1挡的最高转速,而非主轴的钳制速度参数(3736)
电动机最高速度 /(r·min⁻¹)	4020	主轴速度最高时的电动机速度,设定为电动机规格最高速度以下	—
主轴编码器种类	4002#3 4002#2 4002#1 4002#0	—	"主轴编码器种类"为位置编码器时显示该项目
编码器旋转方向	4001#4	0:与主轴相同的方向 1:与主轴相反的方向	—
电动机编码器种类	4010#2 4010#1 4010#0	—	下列情况下显示该项目:①"主轴编码器种类"为位置编码器或接近开关;②没有"主轴编码器种类",且"电动机编码器种类"为 MZ 传感器
电动机旋转方向	4000#0	0:与主轴相同的方向 1:与主轴相反的方向	—
接近开关检出脉冲	4004#3 4004#2	—	—
主轴侧齿轮齿数	4171	设定主轴传动中的主轴侧齿轮的齿数	—
电动机侧齿轮齿数	4172	设定主轴传动中的电动机侧齿轮的齿数	—

在"参数设定支援"界面的"主轴设定"菜单中单击"代码"按钮,即可显示主轴电动机代码并设定,也可查表后输入主轴电动机的代码。部分主轴电动机代码如表 5-6 所示。

表5-6 部分主轴电动机代码

型号	βiI3/10000	βiI6/10000	βiI8/8000	βiI12/7000		αic15/6000
代码	332	333	334	335		246
型号	αic1/6000	αic2/6000	αic3/6000	αic6/6000	αic8/6000	αic12/6000
代码	240	241	242	243	244	245
型号	αi5/10000	αi1/10000	αi1.5/10000	αi2/10000	αi3/10000	αi6/10000
代码	301	302	304	306	308	310
型号	αiI8/8000	αiI12/7000	αiI15/7000	αiI18/7000	αiI22/7000	αiI30/6000
代码	312	314	316	318	320	322
型号	αiI40/600	αiI50/4500	αiI1.5/15000	αiI2/15000	αiI3/12000	αiI6/12000
代码	323	324	305	307	309	401
型号	αiI8/1000	αiI12/10000	αiI15/10000	αiI18/10000	αiI22/10000	
代码	402	403	404	405	406	

2）串行主轴初始设定后的注意事项

对于串行主轴的调试比较简单，完成以上步骤后一般可正常使用，如有故障请注意以下事项。

（1）在PMC中，主轴急停信号（G71.1）、主轴停止信号（G29.6）、主轴倍率（G30，当G30为全1时，倍率为0）没有处理都将造成主轴不输出。另外，在PMC中SIND信号处理不当也将造成主轴不输出。SIND信号（Gn033.7）控制相对于主轴电动机的速度指令输出，若为"0"，由CNC系统计算出的速度指令输出；若为"1"，由PMC侧设定的速度指令输出。

（2）没有设置串行主轴功能选择参数，即主轴没有设定也会造成主轴不输出。

（3）当4001#0 MRDY（G70.7）误设造成主轴没有输出，此时主轴放大器上出现01#错误。

（4）没有使用定向功能而设定3732将有可能造成主轴在低速旋转时不平稳。

（5）设置3708#0（SAR）信号不当可能造成刚性攻螺纹不输出。

（6）当3705#2 SGB（铣床专有）误设时，CNC系统使用参数3751/参数3752的速度。由于此时3751/3752没有设定，故主轴没有输出。

（7）应注意FANUC的串行主轴有相序，连接错误将导致主轴旋转异常；若主轴内部传感器损坏，放大器产生31#报警。

（8）4000#2位置编码器的安装方向对一转信号有影响，若安装错误可能检测不到一转信号。

3）模拟主轴设定与调整

当使用模拟主轴时，系统可以提供-10 V~10 V的电压，由系统上的JA40上的5、7脚引出。在使用模拟主轴时要注意如下问题：

在PMC中，主轴急停信号/主轴停止信号/主轴倍率需要处理。

主轴急停信号：＊ESPA，G71.1＝1。

主轴停止信号：＊SSTP，G29.6＝1。

主轴倍率：在 PMC 地址 G30 中处理主轴倍率，倍率范围为 0% ~254%。

主轴参数的设置过程如下：

（1）主轴类型。

3716#0 设定为"0"，3717 设定为"1"。

（2）位置编码器参数。

在参数 3720 中设定位置编码器的脉冲数。

在参数 3721、3722 中设定位置编码器侧和主轴侧的齿轮比。

（3）主轴速度参数：在 3741 中设定 10 V 对应的主轴速度。

例如，3741 设定为"2000"，当程序执行 S1000 时，JA40 上输出电压为 5 V。

（4）主轴控制电压极性参数。

系统提供的主轴模拟控制电压必须与连接的变频器的控制极性相匹配。当使用单极性变频器时可通过参数 3706#7（TCW）、3706#6（CWM）来控制主轴输出时的电压极性（采用默认设置即可）。

（5）速度误差调整。

当主轴的实际速度和理论速度存在误差时，往往是由于主轴倍率不正确或者输出电压存在零点漂移而引起的。如是后者的原因则可通过相关参数进行调整，具体调整方法如下。

先将指令转速设为"0"，测量 JA40 电压输出端，调整参数 3731（主轴速度偏移补偿值），使得万用表上的显示值为 0 mV。参数 3731 的设定值 = −1 891 × 偏置电压（V）/12.5。

再将指令转速设为主轴最高转速（参数 3741 设定的值），测量 JA40 电压输出端，调整参数 3730（主轴速度增益），使得万用表上的显示值为 10 V。参数 3730 设定值的计算方法如下，先设定参数 3730 为"1000"，并测量输出电压，则设定值 = 10 V × 1000/测定的电压值。然后，将实际设定值输入到参数 3730 中，使得万用表上的显示值为 10 V。

最后执行 S 指令，确认输出电压是否正确。

（6）主轴速度到达检测。

当使用模拟主轴时，无主轴速度到达信号。注意 3708#0（SAR）信号需为"0"。

【任务实施】

任务一：写出利用存储卡完成数控机床参数备份的操作步骤，备份文件名为"ZZCAN-SHU"。

操作步骤：_____

_____

_____

任务二：写出利用存储卡完成数控机床参数恢复的操作步骤，恢复文件名为"ZZ-PARA"。

操作步骤：_____

_____

_____

任务三：请完成主轴控制参数的设定及调试，并完成表5-7。

表5-7 主轴控制参数的设定及调试

序号	与主轴关联的参数号	参数值	备注

任务四：请在数控机床上完成主轴旋转方向的调整，并完成表5-8。

表5-8 主轴旋转方向的调整

3706#7	3706#6	用MDI方式运行程序"M03 S300"和"M04 S300"，记录实际结果
0	0	
0	1	
1	0	
1	1	

任务五：输入"S600 M03"指令并执行，记录主轴实际速度。

主轴实际速度：_____

若主轴实际速度与理论速度有偏差，想办法缩小偏差，并写出操作步骤。

操作步骤：_____

_____

任务六：输入"S600 M03"指令并执行，记录主轴实际速度。

主轴实际速度：_____

然后将3720设定为"2048"，输入"S600 M03"指令并执行，记录主轴实际速度。

主轴实际速度：_____

原因：_____

任务七：写出利用存储卡完成数控机床参数恢复的操作步骤，恢复文件名为"ZZCAN-SHU"。

操作步骤：_____

_____

【任务拓展】

有一台数控车床，配备 FANUC 0i – TD 数控系统，主轴采用变频器控制，出现了主轴启动后不运转的故障，试分析可能的故障原因。

任务 3 进给参数设定

【任务目标】

（1）掌握伺服参数设定的条件。
（2）掌握伺服进给参数设定流程。
（3）掌握 FANUC 0i 数控系统伺服进给参数的确定方法。
（4）能够根据技术要求完成 FANUC 0i 数控系统进给参数的设定及调试。

【任务描述】

某公司生产某一系列数控车床，滚珠丝杠螺距为 6 mm，伺服电动机与丝杠直连，伺服电动机规格为 βis 4/4000，机床的检测单位为 0.001 mm，数控指令单位为 0.001 mm，现需要完成进给伺服参数的设定及调试工作。

【任务准备】

一、资料准备

本任务需要的资料如下：
（1）FANUC 0i – D 数控系统参数说明书；
（2）FANUC 0i – D 数控系统维修说明书；
（3）该数控车床的使用说明书。

二、工具准备

本任务中需要的工具清单如表 5 – 9 所示。

表 5 – 9　项目五任务 3 需要的工具清单

类型	名称	规格	单位	数量
工具	CF 卡	2G	个	1
	读卡器	SCRS028	个	1

三、知识准备

由于数字伺服控制是通过软件方式进行运算控制的，而控制软件是存储在伺服 ROM 中。通电时数控系统根据所设定的电动机规格号和其他适配参数（如齿轮传动比、指令倍乘比、电动机方向等），加载所需的伺服数据到工作存储区（伺服 ROM 中写有各种规格的伺服控制数据），而初始化设定正是进行电动机规格号和其他适配参数的设定。

1. 伺服参数设定的条件

在进行伺服参数设定前，需要明确伺服电动机的类型、电动机内装的脉冲编码器类型等信息。

（1）CNC系统的类型及相应软件（功能），如系统是FANUC—0C/0D还是FANUC—16/18/21/0i。

（2）伺服电动机的类型及规格，如进给伺服电动机是α系列、αC系列、αi系列、β系列、还是βi系列。

（3）电动机内装的脉冲编码器类型，如编码器是增量编码器还是绝对编码器。

（4）系统是否使用分离型位置检测装置，如是否采用独立型旋转编码器或光栅尺作为伺服系统的位置检测装置。

（5）电动机—转机床工作台移动的距离，如机床丝杠的螺距是多少，进给电动机与丝杠的传动比是多少。

（6）机床的检测单位，如0.001 mm。

（7）CNC的指令单位，如0.001 mm。

2. 伺服参数设定

将CNC系统置于急停状态，将参数置为可写入状态。按下<SYSTEM>功能键，然后单击"系统扩展"→"SV设定"，进入"伺服设定"界面，如图5-13所示。若无界面显示，设定参数3111#0为"1"后，将CNC系统关机重启（参数3111#0重启生效）即可。下面对图5-11所示的参数加以介绍。

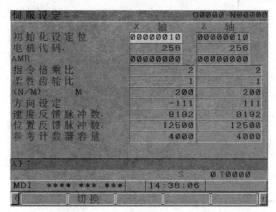

图5-11 "伺服设定"界面

（1）初始化设定位。

2000	#7	#6	#5	#4	#3	#2	#1	#0
							DGPR	PLC0

#0（PLC0）：当设定为"0"时，检测单位为1 μm；当设定为"1"时，检测单位为0.1 μm。

#1（DGPRM）：当设定为"0"时，系统进行数字伺服参数初始化设定，伺服参数初始化后，该位自动变成"1"。

#3（PRMCAL）：当进行伺服初始化设定时，该位自动变成"1"（FANUC - OC/OD 系统无此功能）。根据编码器的脉冲数自动计算下列参数：PRM2043、PRM2044、PRM2047、PRM2053、PRM2054、PRM2056、PRM2057、PRM2059、PRM2074、PRM2076。

（2）电动机代码。

读取伺服电动机标签上的电动机规格号（A06B - xxxx - Byyyy）的中间 4 位数字（xxxx）和电动机型号名，如表 5 - 10 所示。

表 5 - 10　αis、βis 系列部分电动机代码

电动机型号	电动机代码	电动机型号		电动机代码
αis 2 /5000	262	βis 0.2/5000		260
αis 2 /6000	284	βis 0.3/5000		261
αis 4 /5000	265	βis 0.4/5000		280
αis 8 /4000	285	βis 0.5/6000		281
αis 8 /6000	290	βis 1/6000		282
αis 12 /4000	288	βis 2/4000	20A	253
αis 22 /4000	315		40A	254
αis 22 /6000	452	βis 4/4000	20A	256
αis 30 /4000	318		40A	257
αis 40 /4000	322	βis 8/3000	20A	258
αis 50 /3000	324		40A	259
αis 50 /3000 FAN	325	βis 12/2000	20A	269
αis 100 /2500	335		40A	268
αis 100 /2500 FAN	330	βis 12/3000		272
αis 200 /2500	338	βis 22/2000		274
αis 200 /2500 FAN	334	βis 22/3000		313

（3）AMR：设定电枢倍增比。

αi 和 βi 系列伺服电动机设定为"00000000"，与电动机内装编码器类型无关。

（4）CMR：设定伺服系统的指令倍乘比：对于半闭环或全闭环数控系统，有检测装置直接或间接测量工作台位移，并将检测结果通过反馈装置反馈至数控系统与位移指令进行比较，从而调整工作台位移直至达到指令要求值，因此，伺服位置控制是指令和反馈不断比较运算的结果。FANUC 伺服引进"当量"的概念，要求"指令当量 = 反馈当量"，即数控系统发出的脉冲数和检测装置反馈的脉冲数应该相匹配。CMR（指令倍乘比）和 N/M（柔性齿轮比）就是用来调整指令当量和脉冲当量的参数，通过合理设置，使指令脉冲数和反馈脉冲数建立一个合理的关系，CMR 与 N/M 关系如图 5 - 12 所示。

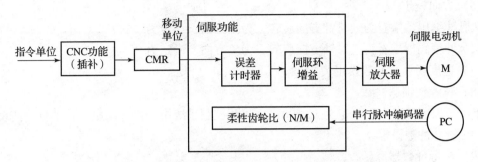

图 5 – 12 指令倍乘比与柔性齿轮比（N/m）关系图

参数中最小移动单位的表达式为

$$最小移动单位 = 检测单位 \times 指令倍乘比$$

参数中的设定值计算如下：

①当指令倍乘比为 1/27 ~ 1/2 时，设定值 = 1/指令倍乘比 + 100；

有效数据范围：102 ~ 127。

②当指令倍乘比为 1 ~ 48 时，设定值 = 2 × 指令倍乘比；

有效数据范围：2 ~ 96。

（5）柔性齿轮比（N/M）：使来自脉冲编码器、分离式检测器的位置反馈脉冲可变，即可相对于各类滚珠丝杠的螺距、减速比而轻而易举地设定检测单位。

根据全闭环系统、半闭环系统、电动机与滚珠丝杠直联方式、电动机与滚珠丝杠减速连接方式等不同结构形式分别采用不同的方法计算。

在半闭环控制伺服系统中，N/M =（伺服电动机一转所需的位置反馈脉冲数/100 万）的约分数。

例如，直线运动轴，直接连接螺距为 10 mm 的滚珠丝杠，检测单位为 1 μm 时，电动机旋转一周（10 mm）所需的脉冲数为 10/0.001 = 10 000 脉冲，即 N/M = 10000/100 万 = 1/100。

在全闭环控制形式伺服系统中，N/M =（伺服电动机一转所需的位置反馈脉冲数/电动机一转分离型检测装置位置反馈的脉冲数）的约分数。

例如，使用 0.5 μm 光栅尺，检测 1 μm 的情形，对于 1 μm 的移动，光栅尺的输出脉冲为 1 μm/0.5 μm = 2 脉冲。NC 用于位置控制的脉冲当量：输出一个脉冲 = 检测单位为 1 μm。因此，柔性齿轮比的设定为：N/M = 1/2。

柔性齿轮比（N/M）设定示例如表 5 – 11 所示。

表 5 – 11 柔性齿轮比（N/M）设定示例

检测单位	光栅尺分辨率			
	1 μm	0.5 μm	0.1 μm	0.05 μm
1 μm	1/1	1/2	1/10	1/20
0.5 μm	—	1/1	1/5	1/10
0.1 μm	—	—	1/1	1/2

（6）方向设定。

从脉冲编码器端看为顺时针方向旋转，为正方向，设定为"111"。

从脉冲编码器端看为逆时针方向旋转，为负方向，设定为"-111"。

（7）速度反馈脉冲数设定为8192。

（8）位置反馈脉冲数。

半闭环控制系统中，设定为12 500；全闭环控制系统中，按电动机—转来自分离型检测装置的位置脉冲数设定。

（9）参考计数器容量。

如果是半闭环控制系统，参考计数器按电动机—转所需的位置脉冲数进行设定，如果是全闭环控制系统，按该数能被整数整除的数来设定。

【任务实施】

任务一：写出利用存储卡完成数控车床参数备份的操作步骤，备份文件名为"JGCAN-SHU"。

操作步骤：_____

_____

任务二：写出利用存储卡完成数控车床参数恢复的操作步骤，恢复文件名为"JGPARA"。

操作步骤：_____

_____

任务三：请根据数控机床的实际配置，明确伺服电动机、伺服检测装置及伺服放大器之间的匹配关系，并完成表5-12。

表5-12　数控机床的实际配置

类型	数控系统型号	伺服放大器型号	伺服电动机型号	编码器型号
车床				

任务四：请完成进给参数的设定及调试，并完成表5-13。

表5-13　进给参数的设定及调试

序号	与进给关联的参数号	参数值	备注

任务五：伺服初始化后出现 SV417 报警，原因：_____

_____

出现 SV417 报警，可通过诊断号_____进行诊断。

任务六：将参数 1825 设为 "0"，开机重启，观察重启后现象。

记录现象：_____

任务七：写出利用存储卡完成数控车床参数恢复的操作步骤，恢复文件名为 "JGCAN-SHU"。

操作步骤：_____

_____

_____

【任务拓展】

有一台数控车床，配备 FANUC 0i – TD 数控系统，采用半闭环控制，在手动移动 X 轴的时候，出现 "SV0411（X）移动时误差太大" 报警，试分析其故障原因。

相 关专业英语词汇

parameter——参数

NO. SRH——搜索号码

configuration——配置

I/O channel——输入输出通道

gain——增益

feed——进给

feedrate——进给率

over travel——超程

version——版本

follow error——跟随误差

handwheel——手轮

standard value——标准值

measured voltage——测量电压

machine position——机械位置

reference position——参考点

least input increment——最小输入单位

项目六　数控机床 PMC 程序调试

项 目引入

数控机床除了对机床各坐标轴的位置进行连续控制外，还需要对机床主轴正、反转与启停、工件的夹紧与松开、切削液开关、润滑等辅助动作进行顺序控制，现代数控系统均采用PLC（可编程控制器）来完成这些辅助动作。本项目主要包括 PMC 程序认知、PMC I/O 地址分配、工作方式选择 PMC 程序调试、手动进给功能 PMC 程序调试、主轴功能 PMC 程序调试任务。通过完成上述工作任务，学生能够具备数控机床 PMC 程序调试能力。

项 目要求

（1）掌握 FANUC 0i PMC 的基本知识。
（2）掌握 FANUC 0i – D 数控系统 PMC 各界面的操作。
（3）掌握 FANUC 0i PMC 地址分配的基本知识。
（4）能完成 I/O 地址分配。
（5）能完成工作方式选择、手动、主轴等功能 PMC 程序的调试。

项 目内容

任务1　PMC 程序认知
任务2　PMC I/O 地址分配
任务3　工作方式选择 PMC 程序调试
任务4　手动进给功能 PMC 程序调试
任务5　主轴功能 PMC 程序调试

任务 1　PMC 程序认知

【任务目标】

（1）掌握 FANUC 0i PMC 的基本知识。
（2）掌握 FANUC 0i – D 数控系统 PMC 各界面的操作。
（3）能利用 PMC 对数控系统的工作状态进行监控。
（4）能完成 FANUC 0i 数控系统的信号追踪、诊断。

【任务描述】

某公司生产某一系列数控车床，在进行设备调试时要求对机床操作面板"编辑"键的输出地址进行强制，从而实现不使用顺序程序就能有效地确认 I/O 设备侧的信号线路。

【任务准备】

一、资料准备

本任务需要的资料如下：

（1）FANUC 0i－D 数控系统梯形图语言编程说明书；

（2）FANUC 0i－D 数控系统梯形图语言补充编程说明书；

（3）FANUC 0i－D 数控系统维修说明书；

（4）该数控车床的使用说明书。

二、工具准备

本任务需要的工具清单如表6－1所示。

表6－1　项目六任务1需要的工具清单

类型	名称	规格	单位	数量
工具	CF 卡	2G	个	1
	读卡器	SCRS028	个	1

三、知识准备

1. FANUC 0i 系统 PMC 概述

从控制对象来说，数控系统分为控制伺服电动机与主轴电动机做各种进给切削动作的系统部分和控制机床外围辅助电气部分的 PMC。PMC 与 PLC 实现的功能是基本一样的，PLC 用于工厂一般通用设备的自动控制装置，而 PMC 专用于数控机床外围辅助电气部分的自动控制，称为可编程机床控制器。PMC 与控制伺服电动机和主轴电动机的系统部分，以及与机床侧辅助电气部分的端口关系如图6－1所示。

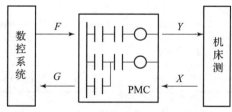

图6－1　PMC 输入输出信号

从图6－1中可以看出，X 是来自机床侧的输入信号（如接近开关、极限开关、压力开关、操作按钮等元件发出的信号）。PMC 接收机床侧各装置反馈的输入信号，在控制程序中进行逻辑运算，作为机床动作的条件及对外围设备进行诊断的依据。

Y 是由 PMC 输出到机床侧的信号。在 PMC 控制程序中，根据自动控制的要求，输出信号控制机床侧的电磁阀、接触器、信号灯动作，满足机床运行的需要。

F 是由控制伺服电动机与主轴电动机的系统部分侧输入到 PMC 的信号，系统部分就是将伺服电动机和主轴电动机的状态，以及请求相关机床动作的信号（如移动中信号、位置检测信号、系统准备完成信号等）发送到 PMC 中进行逻辑运算，运算结果作为机床动作的条件及进行自诊断的依据，其地址从 F0 开始。

G 是从 PMC 输出到系统的反馈信号（如轴互锁信号、M 代码执行完毕信号等），其地址从 G0 开始。

内部继电器和扩展继电器可暂时存储运算结果，用于 PMC 内部信号和扩展信号的定义。内部继电器中还包含 PMC 系统软件所使用的系统继电器，PMC 程序可读取其状态，但不能写入。可变定时器、计数器、保持继电器和数据表存储在非易失性存储器中，即使在切断电源的情况下也不会丢失。PMC 常用 I/O 信号的容量如表 6－2 所示。

表 6－2　PMC 常用 I/O 信号的容量

字符	信号说明	容量	
		0i－D PMC	0i－D/0i Mate－D PMC/L
X	输入信号（MT－PMC）	X0～X127　　X200～X327	X0～X127
Y	输出信号（MT－PMC）	Y0～Y127　　Y200～Y327	Y0～Y127
F	输入信号（NC－PMC）	F0～F767　　F1000～F1767	F0～F767
G	输出信号（NC－PMC）	G0～G767　　G1000～G1767	G0～G767
R	内部继电器	R0～R7999	R0～R1499
R	系统继电器	R9000～R9499	R9000～R9499
E	扩展继电器	E0～E9999	E0～E9999
A	信息请求信号	A0～A249　　A9000～A9499	A0～A249　　A9000～A9499
C	计数器	C0～C399　　C5000～C5199	C0～C79　　C5000～C5039
K	保持继电器	K0～K99　　K900～K999	K0～K19　　K900～K999
D	数据表	D0～D9999	D0～D2999
T	可变定时器	T0～T499　　T9000～T9499	T0～T79　　T9000～T9079
L	标签	L1～L9999	L1～L9999
P	子程序	P1～P5000	P1～P512

对于 PMC 与机床间的信号（X、Y），除个别地址被 FANUC 公司定义外，绝大多数地址可以由机床制造商自行定义。所以对于 X、Y 地址的含义，必须参考机床厂提供的技术资料。表 6－3 中的信号作为高速信号由 CNC 系统直接读取，不经过 PMC 处理。

表 6-3　FANUC PMC 高速信号表

信号地址	X4.7	X4.6	X4.2	X4.1	X4.0	X8.4	X9.3	X9.2	X9.1	X9.0
信号名	SKIP	ESKIP	ZAE	YAE	XAE	＊ESP	＊DEC4	＊DEC3	＊DEC2	＊DEC1
信号含义	跳转信号	PMC轴跳转信号	测量位置到达信号			急停信号	返回参考点减速输入信号			

2. PMC 程序的执行

PMC 程序主要由第一级程序和第二级程序两部分构成。

第一级程序每隔 8 ms 执行一次，主要编写急停、进给暂停等紧急动作控制程序，其程序编写不宜过长，否则会延长整个 PMC 程序执行时间。第一级程序必须以 END1 指令结束，即使不使用第一级程序，也必须编写 END1 指令，否则 PMC 程序无法正常执行。

第二级程序每隔 $8n$ ms 执行一次，n 为第二级程序的分割数。主要编写工作方式控制、速度倍率控制、自动运行控制、手动运行控制、主轴控制、机床锁住控制、程序校验控制、辅助电动机控制、外部报警和操作信息控制等普通程序，其程序步数较多，PMC 程序执行时间也较长。第二级程序必须以 END2 指令结束，为了执行第一级程序，将根据第一级程序的执行时间，把第二级程序分割为 n 部分，分别用分割 1、分割 2、……、分割 n 表示。

系统启动后，CNC 与 PMC 同时运行，二者执行的时序如图 6-2 所示。在 8 ms 的工作周期内，前 1.25 ms 执行 PMC 程序，首先执行全部的第一级程序，1.25 ms 内剩下的时间执行第二级程序的一部分，后 6.75 ms 为 CNC 的处理时间。在随后的周期内，每个周期的开始均执行一次全部的第一级程序，因此在宏观上，紧急动作控制是立即发生的。执行完第一级程序后，在各周期内均执行第二级程序的一部分，直至第二级程序的分割 n 部分执行完毕。然后开始下一个循环，周而复始。

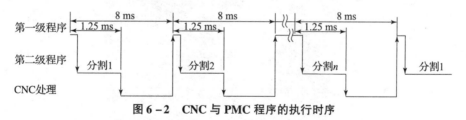

图 6-2　CNC 与 PMC 程序的执行时序

由此可见，第一级程序编写不宜过长，否则会增加第一级程序的执行时间，导致 1.25 ms 内第二级程序的执行时间将减少，程序的分割数 n 将增加，从而延长整个第二级程序的执行时间。

3. PMC 各界面的系统操作

1）PMC 操作界面

首先按 <SYSTEM> 键进入系统参数界面，再连续按向右扩展键 < + > 三次，最后进入 PMC 操作界面。

2）PMC 诊断与维护界面

按 <PMCMNT> 键即可进入 PMC 诊断与维护界面，该界面具有监控 PMC 的信号状态，确认 PMC 的报警, 设定和显示可变定时器, 显示和设定计数器值, 设定和显示保持继电器, 设定和显示数据表、输入/输出数据, 显示 I/O link 连接状态, 信号跟踪等功能。

3) 梯形图监控与编辑界面

梯形图监控与编辑界面具有梯形图的监控与编辑以及梯形图双线圈的检查等功能, "PMC 梯图" 界面如图 6 - 3 所示。

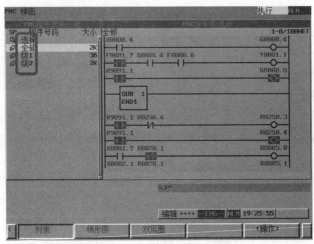

图 6 - 3 　 "PMC 梯图" 界面

4) 梯形图配置界面

梯形图配置界面包括标头、设定、PMC 状态、SYS 参数、模块、符号、信息、在线等, "PMC 构成" 界面如图 6 - 4 所示。

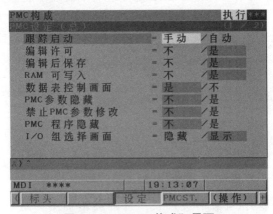

图 6 - 4 　 "PMC 构成" 界面

4. 信号强制

若要改变信号的状态, 可单击 "强制" 软键, 进入强制输入/输出界面, 在该界面可对任意的 PMC 地址的信号强制性地输入。强制输入 X, 不使用 I/O 设备就能调试顺序程序; 强制输出 Y, 不使用顺序程序就能有效地确认 I/O 设备侧的信号线路。

强制功能分为普通强制方式和倍率强制方式两种, 其中倍率强制方式又称为自锁装置, 根据用途区分使用。对于外部的输入信号 (X), 当没有包括在 I/O LINK 设定范围内时, 可以采用此方法强制; 对于输出信号 (Y、R、G 等信号), 如果没有和 PMC 扫描状态的竞争

（或 PMC 停止扫描）也可以进行此种强制；对于 NC 的输出信号（F）不能进行任何强制操作。当外部输入信号（X）在 I/O LINK 的设定范围内，且输出信号（Y）和 PMC 扫描状态发生竞争时，普通强制不能够改变其状态，此时可以采用自锁强制来进行设定。普通强制和自锁强制的区别如表 6-4 所示。

表 6-4 普通强制和自锁强制的区别

机能	普通强制	自锁强制
强制能力	可强制信号 ON 或 OFF，但 PMC 程序如果使用此信号时，即恢复实际状态	可强制信号 ON 或 OFF，即使 PMC 使用此信号，也可以维持强制状态
使用范围	适用于 X、Y、G 信号地址	只适用于 X、Y 信号
备注	分配过的 X、Y 信号不能使用此功能，"内置编程器功能"有效时可以使用	"内置编程器功能"有效、PMC 设定参数有效可以使用

【任务实施】

任务一：进入相应界面，查看 PMC 的型号并填写在下方横线上。

PMC 型号：＿＿＿＿＿＿＿＿＿＿＿＿

任务二：进入相应界面，停止 PMC，并按下或释放急停按钮，观察急停按钮是否仍起作用。

操作步骤及现象：＿＿＿＿＿＿＿＿＿＿＿＿＿＿＿＿＿＿＿＿＿＿＿＿＿＿＿＿＿

＿＿＿＿＿＿＿＿＿＿＿＿＿＿＿＿＿＿＿＿＿＿＿＿＿＿＿＿＿＿＿＿＿＿＿＿＿＿

任务三：进入相应界面，查看梯形图中子程序的数目及名称。

操作步骤：＿＿＿＿＿＿＿＿＿＿＿＿＿＿＿＿＿＿＿＿＿＿＿＿＿＿＿＿＿＿＿＿

＿＿＿＿＿＿＿＿＿＿＿＿＿＿＿＿＿＿＿＿＿＿＿＿＿＿＿＿＿＿＿＿＿＿＿＿＿＿

任务四：查看如下信号的状态（0 或 1）。

X2.5 ＿＿＿＿＿＿＿　　　Y1.6 ＿＿＿＿＿＿＿　　　F1.1 ＿＿＿＿＿＿＿

G43.0 ＿＿＿＿＿＿＿　　　X0.6 ＿＿＿＿＿＿＿　　　Y0.0 ＿＿＿＿＿＿＿

任务五：请在数控机床上通过查看梯形图维护界面给出控制面板上各按全的 PMC 输入地址和输出地址，并填写在表 6-5 中。

表 6-5 按钮的输入地址和输出地址

按钮	输入地址	输出地址
编辑		
MDI		
自动		
手轮 X		
冷却		
单段		
X100		
机床锁住		

任务六：为了保护梯形图，可以将梯形图隐藏起来，请写出操作步骤。

操作步骤：_____

_____

任务七：已知信号强制的操作步骤如下。

（1）进入"PMC 维护"界面，单击"信号状态"按钮，进入信号诊断界面。

（2）按下操作面板上的"编辑"键，确定其输入和输出地址。对输入和输出地址进行强制操作，观察强制结果。

（3）停止 PMC 程序后，再次对 X 地址和 Y 地址进行强制，观察强制结果，并完成表 6–6。

表 6–6　停止 PMC 后 X、Y 地址的变化

不停止 PMC			停止 PMC		
X 地址	☐ 是	☐ 否	X 地址	☐ 是	☐ 否
Y 地址	☐ 是	☐ 否	Y 地址	☐ 是	☐ 否

（4）依次按下 SYSTEM 键→扩展键→PMC 配置→设定→操作→前页，开启自锁强制功能（"倍率有效"设为"是"）并重启数控系统。

（5）重新启动 PMC，进入信号界面，应用自锁强制功能对以上信号进行强制，并填写表 6–7。

表 6–7　应用自锁强制功能时信号强制

自锁强制		
X 地址	☐ 是	☐ 否
Y 地址	☐ 是	☑ 否

通过上述操作，写出普通强制和自锁强制的不同：

_____

_____

【任务拓展】

有一台数控车床，配备 FANUC 0i–TD 数控系统，机床上电并旋开急停按钮后，机床一直处于急停状态，请分析可能的故障原因。

任务 2　PMC I/O 地址分配

【任务目标】

（1）掌握 I/O Link 设定的基本步骤和方法。

（2）掌握手轮的连接和相关注意事项。

（3）能完成 I/O 模块的硬件连接。

（4）能够根据技术要求完成 PMC 地址的分配。

【任务描述】

某公司生产某一系列数控车床，现需要对 PMC 的输入信号和输出信号进行地址分配，要求 X 地址从 X2.0 开始，Y 地址从 Y3.0 开始。

【任务准备】

一、资料准备

本任务需要的资料如下：

（1）FANUC 0i - D 数控系统梯形图语言编程说明书；

（2）FANUC 0i - D 数控系统梯形图语言补充编程说明书；

（3）FANUC 0i - D 数控系统维修说明书；

（4）该数控车床的使用说明书。

二、工具准备

本任务需要的工具清单如表 6 - 8 所示。

表 6 - 8　项目六任务 2 需要的工具清单

类型	名称	规格	单位	数量
工具	CF 卡	2G	个	1
	读卡器	SCRS028	个	1

三、知识准备

1. FANUC I/O 单元的连接

FANUC I/O Link 是一个串行端口，它将 CNC、单元控制器、分布式 I/O、机床操作面板或 Power Mate 连接起来，并在各设备间高速传送 I/O 信号（位数据）。当连接多个设备时，FANUC I/O Link 将一个设备认作主单元，其他设备认作子单元。子单元的输入信号每隔一定周期送到主单元，主单元的输出信号也每隔一定周期送至子单元。0i - D 系列和 0i Mate - D 系列中，JD51A 插座位于主板上。I/O Link 也分为主单元和子单元，作为主单元的 0i/0i Mate 系列控制单元与作为子单元的分布式 I/O 相连接。子单元分为若干个组，一个 I/O Link 最多可连接 16 组子单元。由于单元的类型以及 I/O 点数的不同，I/O Link 的连接方式也有多种。PMC 程序可以对 I/O 信号的分配和地址进行设定，用来连接 I/O Link。I/O 点数最多可达 1024/1024 点。I/O Link 的两个插座分别称为 JD1A 和 JD1B，对所有单元（具有 I/O Link 功能）来说是通用的，电缆总是从一个单元的 JD1A 连接到下一单元的 JD1B，尽管最后一个单元是空的，但也无须连接一个终端插头。对于 I/O Link 中的所有单元来说，JD1A 和 JD1B 的引脚分配都是一致的，不管单元的类型如何，均可按照图 6 - 5 所示来连接 I/O Link。

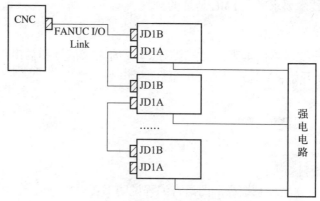

图 6-5 I/O LINK 连接图

2. PMC 地址的分配

FANUC 0i - D/0i Mate - D 系统，由于 I/O 点、手轮脉冲信号都连在 I/O LINK 上，因此在 PMC 梯形图编辑之前都要进行 I/O 模块的设置（地址分配），同时也要考虑手轮的连接位置。当使用 0i 用 I/O 模块且不连接操作盘、分线盘等其他模块时，可以按如下设置：X 从 X0 开始设置为 0.0.1. OC02I；Y 从 Y0 开始为 0.0.1/8，如图 6-6 所示。

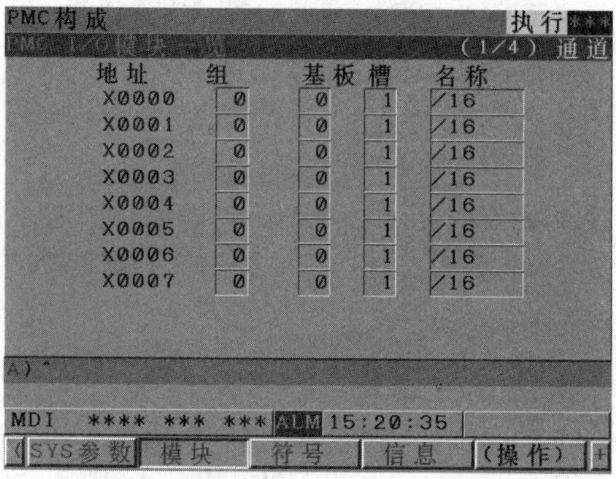

地址	组	基板	槽	名称
X0000	0	0	1	/16
X0001	0	0	1	/16
X0002	0	0	1	/16
X0003	0	0	1	/16
X0004	0	0	1	/16
X0005	0	0	1	/16
X0006	0	0	1	/16
X0007	0	0	1	/16

图 6-6 PMC 构成

具体设置说明如下。

（1）0ID 系统的 I/O 模块分配很自由，但有一个规则，即连接手轮的手轮模块必须为 16 字节，且手轮连在离系统最近的一个 16 字节大小的模块的 JA3 端口上。对于此 16 字节模块，$Xm+0 \sim Xm+11$ 用于输入点，即使实际上没有那么多点，但为了连接手轮也需要如此分配。$Xm+12 \sim Xm+14$ 用于 3 个手轮的输入信号。当只连接一个手轮时，旋转手轮可以看到 $Xm+12$ 中的信号在变化。$Xm+15$ 用于输入信号的报警。

（2）各 I/O Link 模块都有一个独立的名字，当在进行地址设定时，不仅需要指定地址，还需要指定硬件模块的名字，OC02I 为模块的名字，它表示该模块的大小为 16 字节，OC01I 表示该模块的大小为 12 字节，/8 表示该模块有 8 个字节，在模块名称前的 "0.0.1" 表示硬件连接的组、基板、槽的位置。从一个 JD1A 引出来的模块算是一组，在连接的过程中，要改变的仅仅是组号，数字靠近系统的模块从 0 开始逐渐递增。

（3）原则上 I/O 模块的地址可以在规定范围内的任意处定义，但是为了机床的梯形图统一管理，最好按照推荐的标准定义，一旦定义了起始地址（m）该模块的内部地址就分配完了。

（4）在模块分配完毕后，要注意保存，然后将机床断电再重新上电，分配的地址才能生效。同时注意模块要优先于系统上电，否则当系统上电时无法检测到该模块。

（5）地址设定的操作可以在系统界面上完成，如图 6－7 所示，也可以在 FANUC LAD-DER－Ⅲ软件中完成，如图 6－8 所示，0i D 的梯形图必须在 FANUC LADDER－Ⅲ5.7 及以上版本上才可以编辑。

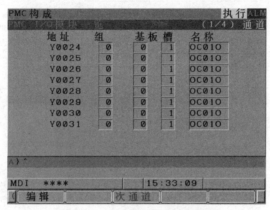

图 6－7　系统侧地址设定界面

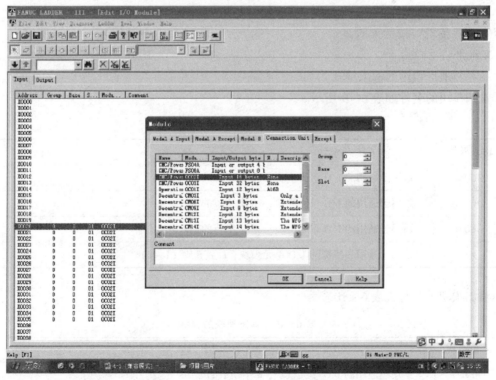

图 6－8　FANUC LADDER Ⅲ软件地址设定

【任务实施】

任务一：进入 PMC 地址分配界面后，查看实际系统和外部 I/O 单元的连接顺序，明确如下信息。

I/O 单元数量：＿＿＿＿＿＿＿＿＿＿＿＿＿＿＿＿＿＿＿＿

X 地址的起始地址：＿＿＿＿＿＿＿＿＿＿＿＿＿＿＿＿

Y 地址的起始地址：＿＿＿＿＿＿＿＿＿＿＿＿＿＿＿＿

查看"编辑"键的 X 地址。

X 地址：＿＿＿＿＿＿＿＿＿＿＿＿＿＿＿＿＿＿＿

任务二：删除原有的地址分配。

记录：＿＿

任务三：确定每个 I/O 单元的起始地址（X 地址从 X2.0 开始，Y 地址从 Y3.0 开始）后，进入 I/O LINK 的设定界面进行设定。

X 地址的设定语句：＿＿＿＿＿＿＿＿＿＿＿＿＿＿

Y 地址的设定语句：＿＿＿＿＿＿＿＿＿＿＿＿＿＿

通过操作机床操作面板各按钮，确定 X 和 Y 的起始地址变化后机床是否能正常工作。

记录：＿＿

查看"编辑"键的 X 地址。

X 地址：＿＿＿＿＿＿＿＿

参考：地址设定的输入格式。

输入模块的名称如表 6-9 所示。

表 6-9 输入模块的名称

输入模块	用 途
OC01I	适用于通用的 I/O 单元模块，12 个字节的输入
OC02I	适用于通用的 I/O 单元模块，16 个字节的输入
OC03I	适用于通用的 I/O 单元模块，32 个字节的输入
/n	适用于通用和特殊的 I/O 单元模块，n 字节数（1~8）

输出模块的名称如表 6-10 所示。

表 6-10 输出模块的名称

输出模块	用 途
OC01O	适用于通用的 I/O 单元模块，8 个字节的输出
OC02O	适用于通用的 I/O 单元模块，16 个字节的输出

续表

输出模块	用　途
OC03O	适用于通用的 I/O 单元模块，32 个字节的输出
/n	适用于通用和特殊的 I/O 单元模块，n 字节数（1~8）

任务四：进行 PMC 地址分配（X 地址从 X0.0 开始，Y 地址从 Y0.0 开始）

记录：_____

_____

_____

通过操作机床操作面板各按钮，确定 X 和 Y 的起始地址变化后机床是否能正常工作。

是否能正常工作_____（是或否）

【任务拓展】

某公司生产某一系列数控车床，现需要进行 PMC I/O 地址分配，要求 X 地址从 X0.0 开始，Y 地址从 Y0.0 开始，现要求利用 FANUC LADDER Ⅲ软件完成地址分配工作。

任务3　工作方式选择 PMC 程序调试

【任务目标】

（1）掌握工作方式选择 PMC 控制的相关信号及指令。

（2）掌握工作方式选择 PMC 控制的操作步骤。

（3）能够根据控制要求完成工作方式选择 PMC 程序的编写及调试。

【任务描述】

某公司生产某一系列数控车床，工作方式选择采用按键形式，现需要进行自动、编辑、手动数据输入、远程运行、回参考点、手动连续进给、手轮进给等操作，以及 PMC 程序的调试。

【任务准备】

一、资料准备

本任务需要的资料如下：

（1）FANUC 0i – D 数控系统梯形图语言编程说明书；

（2）FANUC 0i – D 数控系统梯形图语言补充编程说明书；

（3）FANUC 0i – D 数控系统维修说明书；

（4）该数控车床的使用说明书。

二、工具准备

本任务中需要的工具清单如表 6 – 11 所示。

表 6 – 11　项目六任务 3 需要的工具清单

类型	名称	规格	单位	数量
工具	CF 卡	2G	个	1
	读卡器	SCRS028	个	1

三、知识准备

1. 机床工作方式

图 6 – 9 为数控机床工作方式开关。

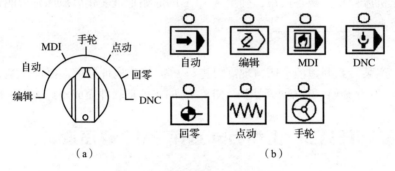

（a）　　　　　　　　　　　　　　（b）

图 6 – 9　数控机床工作方式开关

（a）机床厂家操作面板；（b）系统标准机床操作面板

数控机床工作方式开关可实现工作方式的转换以及相应指示灯的显示，其具体功能如表 6 – 12 所示。

表 6 – 12　数控机床工作方式开关的功能

工作方式开关	符号	功能
编辑	EDIT	编辑存储到 CNC 内存中的加工程序文件
自动	MEM	系统运行的加工程序为系统存储器内的程序
MDI	MDI	通过 MDI 面板可以编制最多 10 行的程序并执行，程序格式和通常程序一样
手轮	HND	刀具可以通过旋转机床操作面板上的手摇脉冲发生器微量移动
点动	JOG	持续按下操作面板上的进给轴及其方向选择开关，会使刀具沿着轴的所选方向连续移动
回零	REF	可以实现手动返回机床参考点的操作，通过此操作，可确定机床零点的位置
DNC	RMT	可以通过阅读机（加工纸带程序）或 RS – 232 通信口与计算机进行通信，实现数控机床的在线加工

工作方式选择信号是由 MD1、MD2、MD4 的 3 个编码信号组合而成的，可以实现程序编辑（EDIT）、存储器运行（MEM）、手动数据输入（MDI）、手轮/增量进给（HANDLE/INC）、手动连续进给（JOG）、JOG 示教、手轮示教。此外，存储器运行方式与 DNC1 信号结合起来可选择 DNC 运行方式；手动连续进给方式与 ZRN 信号的组合，可选择手动返回参考点方式。

工作方式选择的 PMC 输出信号为 MD1（G43.0）、MD2（G43.1）、MD4（G43.2）、DNC1（G43.5）、ZRN（G43.7），方式选择的 PMC 输入信号为 F。PMC 与 CNC 之间相关工作方式的 I/O 信号如表 6-13 所示。

表 6-13　PMC 与 CNC 之间相关工作方式的 I/O 信号

工作方式	PMC→CNC 信号					CNC→PMC
	G43.7 ZRN	G43.5 DNC1	G43.2 MD4	G43.1 MD2	G43.0 MD1	F
编辑（EDIT）	0	0	0	1	1	F3.6
自动（MEM）	0	0	0	0	1	F3.5
MDI	0	0	0	0	0	F3.3
手轮（HND）	0	0	1	0	0	F3.1
手动（JOG）	0	0	1	0	1	F3.2
回零（REF）	1	0	1	0	1	F4.5

2. 辅助工作方式

1）机床锁住

当数控机床处于机床锁住状态时，机床锁住信号 MLK G44.1 为 1，机床的各个 CNC 控制轴停止进给，各机械轴停止移动，但各轴工件坐标系的坐标值仍然按照程序指令更新。当执行此类操作时，应注意工件坐标和机械坐标的偏差，否则可能会导致机床误动作。

2）空运行信号

当数控机床处于空运行状态时，空运行信号 DRN G46.7 为 1，机床不再按照程序设定的速度移动，而是按照参数设定的空运行速度和运行状态（G00/G01）以及手动进给倍率所决定的速度移动。

3）单段运行（单节运行）

当数控机床处于单段运行状态时，单程序段信号 SBK G46.1 为 1，加工程序逐段运行，每个程序段执行完成后系统处于进给停止状态，若要启动下个程序段的运行，需要重新按下操作面板的循环启动按键。

4）跳段

若程序段跳过信号 BDT G44.0 为 1，此时加工程序段前标记有"/"符号的部分会被系统忽略，不再执行。若程序选择停止信号 OPTM R246.0 为 1，当加工程序运行到包含

M01 代码的程序段时，系统就进入进给停止状态，而在信号未接通时，系统忽略程序中的 M01 代码。

3. 系统工作状态的 PMC 控制

下面以 YL559 数控车床装调实训设备的机床操作面板为例，来说明如何进行工作方式选择 PMC 程序的调试。YL559 数控机床操作面板如图 6 - 10 所示。

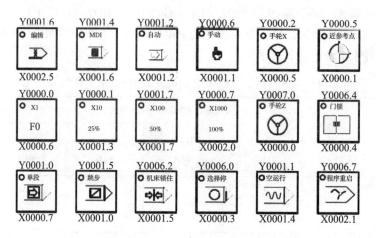

图 6 - 10　YL559 数控机床操作面板

状态开关信号的输入/输出地址是由系统 I/O Link 模块进行分配的，具体地址如下：

编辑状态：输入信号（面板操作开关）地址为 X0002.5，输出信号（指示灯）地址为 Y0001.6；

存储运行（又称为自动运行）：输入信号（面板操作开关）地址为 X0001.2，输出信号（指示灯）地址为 Y0001.2；

手轮 X 进给（又称为手摇脉冲进给）：输入信号（面板操作开关）地址为 X0000.5，输出信号（指示灯）地址为 Y0000.2；

手轮 Z 进给（又称为手摇脉冲进给）：输入信号（面板操作开关）地址为 X0000.0，输出信号（指示灯）地址为 Y0007.0；

MDI（又称为手动数据输入）：输入信号（面板操作开关）地址为 X0001.6，输出信号（指示灯）地址为 Y0001.4；

手动连续进给（又称为点动进给）：输入信号（面板操作开关）地址为 X0001.1，输出信号（指示灯）地址为 Y0000.6；

返回参考点（又称为回零）：输入信号（面板操作开关）地址为 X0000.1，输出信号（指示灯）地址为 Y0000.5。

信号 F0003.6 表示系统处于编辑状态；信号 F0003.5 表示系统处于自动运行状态；信号 F0003.3 表示系统处于手动数据输入状态；信号 F0003.4 表示系统处于 DNC 状态；信号 F0003.2 表示系统处于手动连续进给状态；信号 F0003.1 表示系统处于手轮控制状态；信号 F0004.5 表示系统处于返回参考点状态。机床工作方式选择参考程序如图 6 - 11 所示。

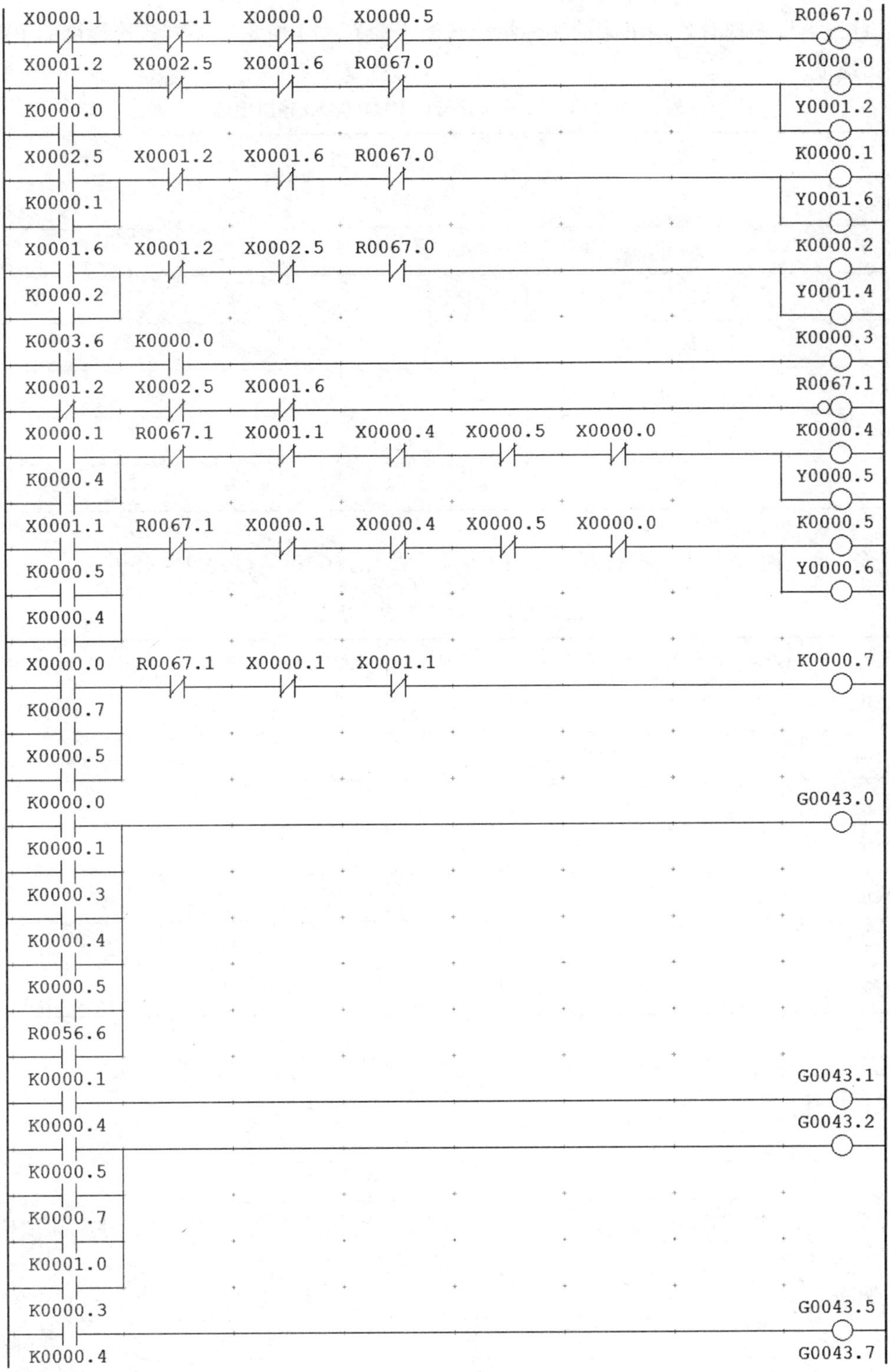

```
  X0000.1   X0001.1   X0000.0   X0000.5                                              R0067.0
───┤├───────┤/├───────┤├───────┤/├─────────────────────────────────────────────────( )──────
  X0001.2   X0002.5   X0001.6   R0067.0                                              K0000.0
───┤├───────┤/├───────┤├───────┤/├─────────────────────────────────────────────────( )──────
  K0000.0                                                                            Y0001.2
───┤├──┘                                                                             ( )──────
  X0002.5   X0001.2   X0001.6   R0067.0                                              K0000.1
───┤├───────┤/├───────┤├───────┤/├─────────────────────────────────────────────────( )──────
  K0000.1                                                                            Y0001.6
───┤├──┘                                                                             ( )──────
  X0001.6   X0001.2   X0002.5   R0067.0                                              K0000.2
───┤├───────┤/├───────┤/├───────┤/├─────────────────────────────────────────────────( )──────
  K0000.2                                                                            Y0001.4
───┤├──┘                                                                             ( )──────
  K0003.6   K0000.0                                                                  K0000.3
───┤├───────┤├──┘                                                                    ( )──────
  X0001.2   X0002.5   X0001.6                                                        R0067.1
───┤/├───────┤├───────┤/├────────────────────────────────────────────────────────────( )──────
  X0000.1   R0067.1   X0001.1   X0000.4   X0000.5   X0000.0                          K0000.4
───┤├───────┤/├───────┤/├───────┤/├───────┤/├───────┤├──────────────────────────────( )──────
  K0000.4                                                                            Y0000.5
───┤├──┘                                                                             ( )──────
  X0001.1   R0067.1   X0000.1   X0000.4   X0000.5   X0000.0                          K0000.5
───┤├───────┤/├───────┤/├───────┤├───────┤/├───────┤├──────────────────────────────( )──────
  K0000.5                                                                            Y0000.6
───┤├──┘                                                                             ( )──────
  K0000.4
───┤├──┘
  X0000.0   R0067.1   X0000.1   X0001.1                                              K0000.7
───┤├───────┤/├───────┤/├───────┤/├──────────────────────────────────────────────────( )──────
  K0000.7
───┤├──┘
  X0000.5
───┤├──┘
  K0000.0                                                                            G0043.0
───┤├────────────────────────────────────────────────────────────────────────────────( )──────
  K0000.1
───┤├──┘
  K0000.3
───┤├──┘
  K0000.4
───┤├──┘
  K0000.5
───┤├──┘
  R0056.6
───┤├──┘
  K0000.1                                                                            G0043.1
───┤├────────────────────────────────────────────────────────────────────────────────( )──────
  K0000.4                                                                            G0043.2
───┤├────────────────────────────────────────────────────────────────────────────────( )──────
  K0000.5
───┤├──┘
  K0000.7
───┤├──┘
  K0001.0
───┤├──┘
  K0000.3                                                                            G0043.5
───┤├────────────────────────────────────────────────────────────────────────────────( )──────
  K0000.4                                                                            G0043.7
───┤├──┘
```

图 6-11　机床工作方式选择参考程序

【任务实施】

任务一：根据现有数控机床的实际情况，给出表 6 – 14 所示工作方式选择键的 PMC 输入/输出地址。

表6 – 14 工作方式选择键的 PMC 输入/输出地址

序号	功能键	输入地址	输出地址
1	自动		
2	编辑		
3	手动数据输入		
4	回参考点		
5	手动		
6	手轮 X		
7	手轮 Z		

任务二：当按下如下各按键时，查看 G0043 各位的状态，填入表 6 – 15 中。

表6 – 15 G0043 各位的状态

按键	G0043.7	G0043.6	G0043.5	G0043.4	G0043.3	G0043.2	G0043.1	G0043.0
编辑								
自动								
DNC								
MDI								
手轮进给								
手动进给								
返回参考点								

任务三：写出将梯形图显示方式由"符号"转换为"地址"的操作步骤。

操作步骤：_____

_____

任务四：写出利用存储卡完成数控机床梯形图恢复的操作步骤，恢复文件名为"GZFS-LAD"。

操作步骤：_____

_____

查看工作方式选择各按键是否仍有效。

记录：_____

任务五：完成自动、编辑功能的 PMC 程序调试。

任务六：编写工作方式选择 PMC 程序，并完成调试。

任务七：写出利用存储卡完成数控机床梯形图恢复的操作步骤，恢复文件名为"BZLAD"。

操作步骤：_____

_____

_____

【任务拓展】

某公司生产某一系列数控车床，工作方式选择采用波段开关形式，现需要进行自动、编辑、手动数据输入、远程运行、回参考点、手动连续进给、增量进给、手轮进给等工作方式 PMC 程序的调试。

任务 4　手动进给功能 PMC 程序调试

【任务目标】

（1）掌握手动功能 PMC 程序的相关信号及指令。

（2）能够根据控制要求完成手动进给功能 PMC 程序的编写及调试。

【任务描述】

某公司生产某一系列数控车床，手动进给功能分为普通手动进给和快速手动进给，普通手动进给的基准速度为 1 000 mm/min，快速手动进给的基准速度为 4 000 mm/min，现需要完成手动功能 PMC 程序的调试。

【任务准备】

一、资料准备

本任务需要的资料如下：

（1）FANUC 0i – D 数控系统梯形图语言编程说明书；

（2）FANUC 0i – D 数控系统梯形图语言补充编程说明书；

（3）FANUC 0i – D 数控系统维修说明书；

（4）该数控车床的使用说明书。

二、工具准备

本任务中需要的工具清单如表 6 – 16 所示。

表 6 – 16　项目六任务 4 需要的工具清单

类型	名称	规格	单位	数量
工具	CF 卡	2G	个	1
	读卡器	SCRS028	个	1

三、知识准备

1. 互锁信号

互锁信号是低电平有效的信号，即当电平为零时禁止轴移动。在自动换刀装置（ATC）和托盘交换装置（APC）等动作的过程中，可以用该信号禁止轴的移动。

互锁信号分为全轴互锁信号和各轴互锁信号。全轴互锁信号为 G0008.0，符号名为 * IT，各轴互锁信号为 G0130.0 ~ G0130.7，符号名为 * IT1 ~ * IT8，它们都是低电平有效的信号，地址如表 6 - 17 所示。

表 6 - 17　互锁信号的地址

地址	#7	#6	#5	#4	#3	#2	#1	#0
G0008	—	—	—	—	—	—	—	* IT
G0130	* IT8	* IT7	* IT6	* IT5	* IT4	* IT3	* IT2	* IT1

全轴互锁和各轴互锁是否有效取决于参数 3003，地址如表 6 - 18 所示。

表 6 - 18　参数 3003 的地址

地址	#7	#6	#5	#4	#3	#2	#1	#0
3003	—	—	—	—	—	—	ITX	ITL

#1（ITX）0：使用各轴互锁信号 * ITX；

　　　　　1：不使用各轴互锁信号 * ITX。

#0（ITL）0：使用全轴互锁信号 * IT；

　　　　　1：不使用全轴互锁信号 * IT。

850 型加工中心只需换刀时将第 3 轴锁住，取机械手扣刀信号 X0010.4 低电平有效，当机械手扣刀时，G0130.2 为 0，第 3 轴锁住。R0049.0 为辅助继电器信号，其状态等于 R0049.0 与 R0049.0 的非产生的常 1 信号，除第 3 轴互锁信号外，其他轴的互锁信号一直为 1，从而取消其他轴的互锁，PMC 程序如图 6 - 12 所示。

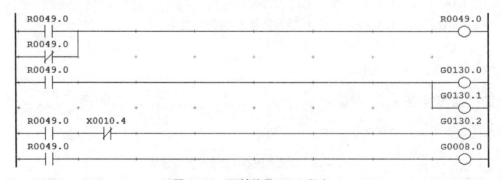

图 6 - 12　互锁信号 PMC 程序

2. 轴选方式有效

若选择了手动方式，即当工作方式为手轮方式（F0003.1）、手动进给方式（F0003.2）、增量进给方式（F0003.0）、回零方式（F0003.4）中任意一种方式时，轴选方式有效（R0203.7 为 1）。PMC 程序如图 6 – 13 所示。

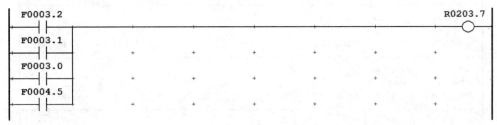

图 6 – 13　轴选方式 PMC 程序 – 1

3. 轴选信号的产生

PMC 与机床之间相关轴选和方向选择的 I/O 信号如表 6 – 19 所示。PMC 与 CNC 之间相关轴选和方向选择的 I/O 信号如表 6 – 20 所示。

表 6 – 19　PMC 与机床之间相关轴选和方向选择的 I/O 信号

输入按钮 X 信号	输出指示灯 Y 信号
X 轴选按钮 X0029.4	X 轴选指示灯 Y0029.4
Y 轴选按钮 X0029.5	Y 轴选指示灯 Y0029.5
Z 轴选按钮 X0029.6	Z 轴选指示灯 Y0029.6
+ 方向按钮 X0030.4	+ 方向指示灯 Y0030.4
– 方向按钮 X0030.6	– 方向指示灯 Y0030.6

表 6 – 20　PMC 与 CNC 之间相关轴选和方向选择的 I/O 信号

地址	#7	#6	#5	#4	#3	#2	#1	#0
G0100	+ J8	+ J7	+ J6	+ J5	+ J4	+ J3	+ J2	+ J1
G0102	– J8	– J7	– J6	– J5	– J4	– J3	– J2	– J1

当同一轴正、负两方向信号均为 1 时，轴不移动。若按下 X、Y、Z 任意一轴的轴选按钮，则生成 R0202.6 上升沿的单脉冲，轴选方式 PMC 程序如图 6 – 14 所示。

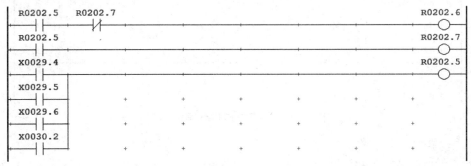

图 6 – 14　轴选方式 PMC 程序 – 2

R0203.7 为轴运动使能信号，运用二分频信号生成 PMC 程序，如图 6 - 15 所示。

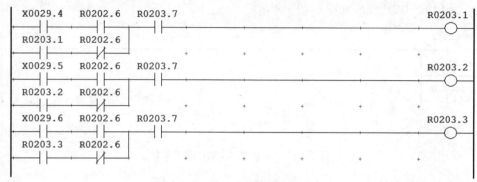

图 6 - 15　轴选方式 PMC 程序 - 3

若要轴移动指令信号有效，则必须使手动运行轴选方式有效信号、每个轴选信号和方向信号同时为 1，轴选方式 PMC 程序如图 6 - 16 所示。

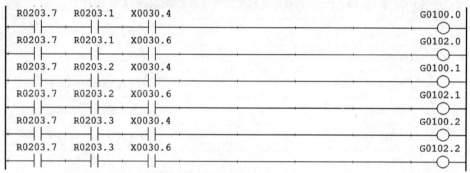

图 6 - 16　轴选方式 PMC 程序 - 4

轴选指示灯由轴选信号（R0203.1、R0203.2、R0203.3）和手动进给方式（F0003.2）控制，方向选择指示灯由轴方向运行信号（G0100.0、G0100.1、G0100.2、G0102.0、G0102.1、G0102.2）控制，轴选方式 PMC 程序如图 6 - 17 所示。

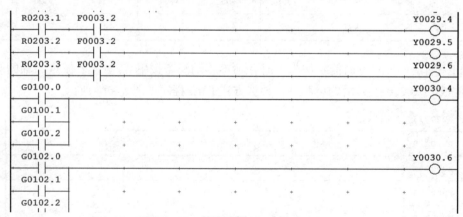

图 6 - 17　轴选方式 PMC 程序 - 5

4. 手动进给倍率处理

1）信号码转换

PMC 与机床之间相关 JOG 倍率处理的 I/O 信号如表 6 - 21 所示。

表 6 – 21 PMC 与机床之间相关 JOG 倍率处理的 I/O 信号

倍率开关	输入 X 信号
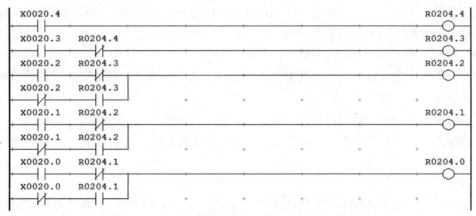	X0020.0 ~ X0020.4

倍率开关输入信号 X0020.0 ~ X0020.4 是格雷码，需将该信号转换为二进制码信号 R0204.0 ~ R0204.4，手轮进给倍率处理信号的 PMC 程序如图 6 – 18 所示。

图 6 – 18 手轮进给倍率处理信号的 PMC 程序 – 1

2）倍率输出 CNC 处理

基本手动进给速度通过参数 1423 设定；手动进给速度倍率信号 * JVi（jog override）使用 16 位二进制码信号 * JV0 ~ * JV15（负逻辑），CNC 输入地址为 G0010.0 ~ G0011.7，如表 6 – 22 所示。根据手动进给速度倍率输入信号的不同状态，利用代码转换指令将相应倍率值送到 G0010 ~ G0011 中。

表 6 – 22 手动进给倍率信号地址

地址	#7	#6	#5	#4	#3	#2	#1	#0
G0010	* JV7	* JV6	* JV5	* JV4	* JV3	* JV2	* JV1	* JV0
G0011	* JV15	* JV14	* JV13	* JV12	* JV11	* JV10	* JV9	* JV8

5. 代码转换指令（COD、CODB）

1）COD 指令

COD 指令是把 2 位 BCD 码（0~99）数据转换成 2 位或 4 位 BCD 码数据的指令，具体功能是把 2 位 BCD 码指定的数据表内的数据（2 位或 4 位 BCD 码）输出到变换数据的输出地址中，COD 指令格式如图 6 – 19 所示。

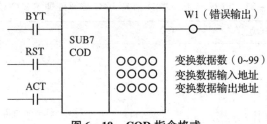

图 6 – 19　COD 指令格式

具体说明如下。

转换数据表的数据形式指定（BYT）：当 BYT = 0 时，将数据表的数据转换为 2 位 BCD 码；当 BYT = 1 时，将数据表的数据转换为 4 位 BCD 码。

错误输出复位（RST）：当 RST = 0 时，取消复位（输出 W 1 不变）；当 RST = 1 时，转换数据错误，输出 W 1 为 0（复位）。

执行条件（ACT）：当 ACT = 0 时，不执行 COD 指令；当 ACT = 1 时，执行 COD 指令。

数据表的容量：指定转换表的范围（0 ~ 99），数据表开始的单元为 0 号，最后的单元为 n 号，数据表的容量为 $n + 1$。

转换数据输入地址：指定转换数据所在数据表的表内号地址，一般可通过机床面板的开关来设定该地址的内容。

转换数据输出地址：将数据表内指定的 2 位或 4 位 BCD 码转换成数据输出地址。

错误输出（W1）：在执行 COD 指令时，如果转换输入地址出错，如转换地址数据超过了数据表容量，则 W1 为 1。

2）CODB 指令

CODB 指令是把 2 字节的二进制数据（0 ~ 256）转换成 1 字节、2 字节或 4 字节的二进制数据指令，其具体功能是把 2 字节二进制数指定的数据表内号数据（1 字节、2 字节或 4 字节的二进制数据）输出到转换数据的输出地址中，一般用于数控机床面板倍率开关的控制，CODB 指令格式如图 6 – 20 所示。

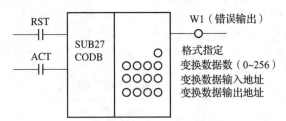

图 6 – 20　CODB 指令格式

具体说明如下。

错误输出复位（RST）：当 RST = 0 时，取消复位（输出 W1 不变）；当 RST = 1 时，转换数据错误，输出 W1 为 0（复位）。

执行条件（ACT）：当 ACT = 0 时，不执行 CODB 指令；当 ACT = 1 时，执行 CODB 指令。

格式指定：指定转换数据表中二进制数的字节数，1 表示 1 字节二进制数，2 表示 2 字节二进制数，4 表示 4 字节二进制数。

变换数据数：指定转换表的范围（0 ~ 256），数据表开始单元为 0 号，最后单元为 n

号，数据表的容量为 $n+1$。

转换数据输入地址：指定转换数据所在数据表的表内号地址，一般可通过机床面板的开关来设定该地址的内容。

转换数据输出地址：将数据表内指定的 1 字节、2 字节或 4 字节数据转换后输出的地址。

错误输出（W1）：当执行 C 指令时，如果转换输入地址出错（如转换地址数据超过了数据表容量），则 W1 为 1。

3）程序实例

R9091.1 为常 1 信号，F0003.2 是手动进给确认信号。将 21 个机床倍率开关位置对应倍率值送到 G0010、G0011 中，如图 6 – 21 所示。倍率值以 0.01% 为基本单位，数据表的数值 $= -($ 倍率值 $\times 100 + 1)$。

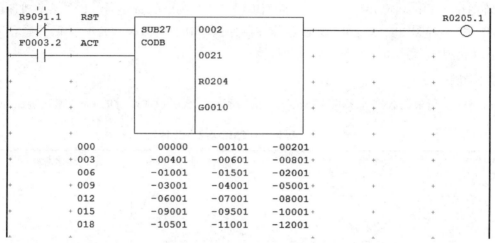

图 6 – 21　CODB 应用实例

6. 手动快速移动信号

手动快速移动信号为 G0019.7，当 G0019.7 为 1 时，手动快速移动功能有效。使用参数 1401#0 可以在进行返回参考点之前进行轴的快速移动操作。当参数 1401#0 = 1 时，表示参考点未确立，手动快速移动有效。快速移动倍率信号为 ROV1，ROV2（Rapid Override），手动进给倍率信号地址如表 6 – 23 所示。进给倍率信号地址和倍率的关系如表 6 – 24 所示。

表 6 – 23　手动进给倍率信号地址

地址	#7	#6	#5	#4	#3	#2	#1	#0
G0014	—	—	—	—	—	—	ROV2	ROV1

表 6 – 24　进给倍率信号地址和倍率的关系

ROV2	ROV1	倍率值
0	0	100%
0	1	50%
1	0	25%
1	1	F0（参数 1421 设定）

7. 急停控制

急停输入信号 X 的地址是固定的（X8.4），且可被数控系统直接读取，当 X8.4 信号为 0 时，系统出现紧急停止报警。与急停报警紧密相关的信号还有 G0008.4 信号，该信号是 PMC 送到 CNC 的紧急停止信号。若 G0008.4 为 0，则系统出现紧急停止报警。CNC 直接读取机床信号 X0008.4 和 PMC 的输入信号 G0008.4，当两个信号中任意一个信号为 0 时，进入紧急停止状态。G0008.4 信号为 PMC 将 X0008.4 和其他相关的信号进行综合处理的输出信号，如图 6 – 22 所示。

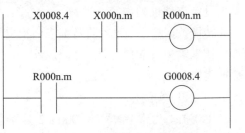

图 6 – 22 急停信号 PMC 处理

在图 6 – 22 中，梯形图在 X0008.4 后面串接了一个 X000n. m 信号，比如某些机床的刀库门开关等。若 X000n. m 为 0，即使急停控制回路一切正常（X0008.4 为 1），紧急停止 G0008.4 仍为 0，系统仍然出现紧急停止报警。

【任务实施】

任务一：请根据数控机床的实际情况，给出表 6 – 25 所示功能键的 PMC 输入输出地址。

表 6 – 25 功能键的 PMC 输入输出地址

序号	功能键	输入地址	输出地址
1	←		
2	→		
3	↑		
4	↓		
5	/W		
6	F0		
7	25%		
8	50%		
9	100%		

任务二：当按下如表 6 – 26 所示按键时，给出 G0102、G0100 各位的状态。

表 6 – 26 按下按键时 G0102、G0100 各位的状态

按键	G0102. 3	G0102. 2	G0102. 1	G0102. 0	G0100. 3	G0100. 2	G0100. 1	G0100. 0
←								
→								
↑								
↓								

任务三：当选择如表 6 – 27 中的手动进给倍率时，给出 G0010、G0011 各位的状态。

表 6 – 27　不同的手动进给倍率时的 G0010、G0011 各位的状态

倍率	G0011 各位状态							
	G0011. 7	G0011. 6	G0011. 5	G0011. 4	G0011. 3	G0011. 2	G0011. 1	G0011. 0
0%								
0.01%								
1%								
10%								

倍率	G0010 各位状态							
	G0010. 7	G0010. 6	G0010. 5	G0010. 4	G0010. 3	G0010. 2	G0010. 1	G0010. 0
0%								
0.01%								
1%								
10%								

任务四：将参数 1002#0 设为 0，能否实现 X 轴和 Z 轴同时手动进给？若设为 1 呢？

记录现象：_____

_____

任务五：写出利用存储卡完成数控机床梯形图恢复的操作步骤，恢复文件名为"SDLAD"。

操作步骤：_____

_____

任务六：编写手动进给的 PMC 程序，并完成调试。

任务七：写出利用存储卡完成数控机床梯形图恢复的操作步骤，恢复文件名为"BIAOZHUNLAD"。

操作步骤：_____

任务八：查看按下如表 6 – 28 中的按键时 G0014 各位的状态。

表 6 – 28　按下按键时 G0014 各位的状态

按键	G0014. 1	G0014. 0
F0		
25%		
50%		
100%		

任务九：写出利用存储卡完成数控机床梯形图恢复的操作步骤，恢复文件名为"SDK-SLAD"。

操作步骤：_____

_____

_____

任务十：编写手动快速进给的 PMC 程序，并完成调试。

任务十一：完成关于手动进给和手动快速进给的填空。

手动进给：基准速度由参数_____ 确定，进给倍率信号为_____ ，轴选信号为_____ 。

手动快速进给：基准速度由参数_____ 确定，快速移动信号为_____ ，进给倍率信号为_____ ，轴选信号为_____ 。

任务十二：写出利用存储卡完成数控机床梯形图恢复的操作步骤，恢复文件名为"BIAOZHUNLAD"。

操作步骤：_____

_____

_____

【任务拓展】

有一台数控车床，配备 FANUC 0i – TD 数控系统。机床上电后，用手动方式移动 X 轴，工作台不能移动，用手动方式移动 Z 轴，机床工作正常，试分析可能的故障原因。

任务 5　主轴功能 PMC 程序调试

【任务目标】

（1）掌握二进制译码的工作原理。

（2）掌握主轴功能 PMC 程序的相关信号及指令。

（3）能够根据控制要求完成主轴功能 PMC 程序的编写及调试。

【任务描述】

某公司生产某一系列数控车床，采用三菱变频器 FR – A740 – 3.7K – CHT 进行模拟主轴控制，要求既可以用手动方式启动主轴，也可以通过 M03 指令启动主轴，现需要完成主轴功能 PMC 程序的调试。

【任务准备】

一、资料准备

本任务需要的资料如下：

（1）FANUC 0i – D 数控系统梯形图语言编程说明书；

（2）FANUC 0i – D 数控系统梯形图语言补充编程说明书；

（3）FANUC 0i – D 数控系统维修说明书；

（4）该数控车床的使用说明书。

二、工具准备

本任务需要的工具清单如表 6 – 29 所示。

表 6 - 29　项目六任务 5 需要的工具清单

类型	名称	规格	单位	数量
工具	CF 卡	2G	个	1
	读卡器	SCRS028	个	1

三、知识准备

1. M 代码使用

通常在 1 个程序段中只能指定 1 个 M 代码，但在某些情况下，对某些类型的机床最多可指定 3 个 M 代码。在 1 个程序段中指定的多个 M 代码（最多 3 个，如 FANUC 0i 系统参数 3404#7 设定为 "1"）同时输出到机床，这意味着与通常的一个程序段中仅有一 M 代码相比，在加工中需要实现较短的循环时间，且通过 PMC 译码后（第 1 个、第 2 个、第 3 个 M 代码输出的信号地址是不同的）能够同时输出到机床侧执行。

当一个程序段中同时指定了移动指令和辅助功能 M 代码时，系统有两种处理情况：第一种是移动指令与 M 代码同时被执行，如 G00 X0 Y0 Z50 M03 S800；第二种是移动指令结束后才执行 M 代码，如 G01 X100 Y50 F20 M05。两种情况的具体选择是由系统编制 M 代码译码或执行 M 代码（PMC 控制梯形图）时分配结束信号（DEN）决定的。

在 FANUC 系统中，即使机床辅助功能锁住信号（AFL）有效，辅助功能 M00、M01、M02 和 M30 也可执行，所有的代码信号、选通信号和译码信号按正常方式输出。辅助功能 M98 和 M99 仍按正常方式执行，但不输出在控制单元中执行的结果。

2. M 代码控制时序

M 代码控制时序如图 6 - 23 所示。

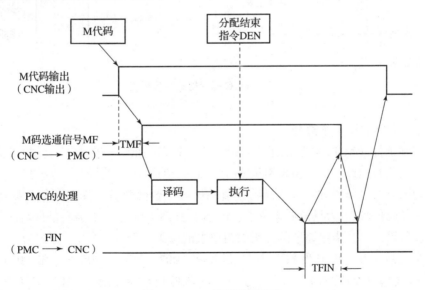

图 6 - 23　M 代码控制时序

当系统读到程序中的 M 代码时，就输出其的信息，FANUC 0i 系统的 M 代码信息输出地址为 F0010 ~ F0013（4 个字节二进制代码）。在 M 代码输出后，延迟由参数 3010 所设定时间 TMF（标准值为 16 ms），输出 M 代码读取指令 MF 信号，FANUC 0i 系统 M 代码选通信号为 F0007.0。PMC 接收到 M 代码选通信号（MT）后，执行译码指令（DEC、DECB），把系统的 M 代码信息译成某继电器为 1（开关信号），通过是否加入分配结束信号（DEN）决定移动指令和 M 代码是否同时执行，FANUC 0i 系统分配结束信号（DEN）为 F0001.3。M 代码执行结束后，把辅助功能结束信号（FIN）送到 CNC 系统中，FANUC 0i 系统辅助功能结束信号（FIN）为 G0004.3。系统接收到 PMC 发出的辅助功能结束信号（FIN）后，经过辅助功能结束延时时间 TFIN（标准值为 16 ms）切断系统 M 代码选通信号 MF。系统 M 代码选通信号 MF 断开后，切断系统辅助功能结束信号 FIN，然后系统切断 M 代码输出信息信号，准备读取下一条 M 代码信息。

3. 功能指令介绍

当数控机床在执行加工程序中规定的 M、S、T 功能时，CNC 系统以 BCD 或二进制代码形式输出 M、S、T 代码。这些代码需要经过译码才能从 BCD 或二进制状态转换成具有特定功能含义的一位逻辑状态。PMC 译码指令分为 BCD 译码指令 DEC 和二进制译码指令 DECB 两种。

1）DEC 指令

DEC 指令的功能：当两位 BCD 代码与给定值一致时，输出为 1；不一致时，输出为 0。图 6-24 为 DEC 译码指令格式和应用实例。

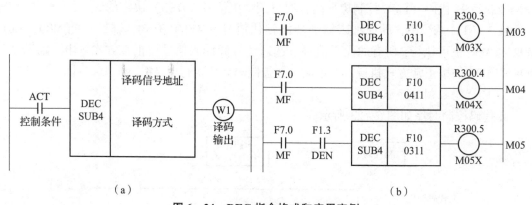

图 6-24 DEC 指令格式和应用实例

(a) 指令格式；(b) 译码指令 DBC 的应用实例

DEC 指令包括以下 4 个部分。

（1）控制条件（ACT）：当 ACT 为 0 时，不执行译码指令；当为 1 时，执行译码指令。

（2）译码信号地址：指定包含两位 BCD 代码的地址。

（3）译码方式：译码方式包括译码数值和译码位数两部分。译码数值为要译码的两位 BCD 代码；译码位数 01 为只译低 4 位数，10 为只译高 4 位数，11 为高低位均译。

（4）译码输出：当指定地址的译码数与要求的译码值相等时为 1，否则为 0。

在图 6-24（b）中，当执行加工程序的 M03、M04、M05 时，R300.3、R300.4、R300.5 分别为 1，从而实现主轴正转、反转及主轴停止自动控制。其中，F7.0 为 M 代码选通信号，F1.3 为移动指令分配结束信号，F1.0 为 FANUC 0i 系统的 M 代码输出信号地址。

2）DECB 指令

DECB 指令的功能是可对 1、2 或 4 个字节的二进制代码数据译码，所指定的 8 位连续数据之一与代码数据相同时，对应的输出数据位为 1。DECB 指令主要用于 M 代码、T 代码的译码，一条 DECB 代码可译 8 个连续 M 代码或 8 个连续 T 代码。图 6 - 25 为 DECB 译码指令格式和应用实例。

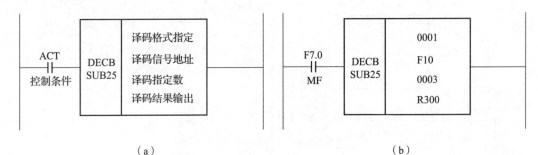

（a） （b）

图 6 - 25　DECB 译码指令格式和应用实例

（a）指令格式；（b）译码指令 DECB 的应用实例

DECB 指令主要包括以下 4 项。

（1）译码格式指定：0001 为 1 个字节的二进制代码数据，0002 为 2 个字节的二进制代码数据，0004 为 4 个字节的二进制代码数据。

（2）译码信号地址：给定一个存储代码数据的地址。

（3）译码指定数：给定要译的 8 个连续数字的第一位。

（4）译码结果输出：给定一个输出译码结果的地址。

在图 6 - 25（b）中，加工程序执行 M03、M04、M05、M06、M07、M08、M09、M10 时，R300.0、R300.1、R300.2、R300.3、R300.4、R300.5、R300.6、R300.7 分别为 1。

4. M 代码 PMC 控制

图 6 - 26 为某数控铣床（系统采用 FANUC 0i 系统）的辅助功能 M 代码执行时的部分 PMC 控制程序。二进制译码指令 DECB 把程序中的 M 代码信息（F10）转换成开关量控制，当程序执行到 M00 时，R0.0 为 1；当程序执行到 M01 时，R0.1 为 1；当程序执行到 M02 时，R0.2 为 1；当程序执行到 M03 时，R0.3 为 1；当程序执行到 M04 时，R0.4 为 1；当程序执行到 M05 时，R0.5 为 1；当程序执行到 M08 时，R1.0 为 1；当程序执行到 M09 时，R1.1 为 1。G70.5 为串行数字主轴正转控制信号，G70.4 为串行数字主轴反转控制信号，F0.7 为系统自动运行状态信号（系统在 MEM、MDI、DNC 状态），F1.1 为系统复位信号。当系统自动运行，程序执行到 M03 或 M04 时，主轴按给定的速度正转或反转。当程序执行到 M05 或系统复位（包括程序的 M02、M30 代码）时，主轴停止旋转。当执行 M05 时，由于加入了系统分配结束信号 F1.3，因此移动指令和 M05 在同一程序段中，机床会在执行完移动指令后执行 M05 指令，进给结束后主轴电动机才停止。当程序执行到 M08 时，通过输出信号 Y2.0 控制冷却泵电动机打开机床冷却液。当程序执行到 M09 时，关断机床冷却液，同理执行 M09 时也需要加入系统分配结束信号 F1.3。当程序执行到 M02 或 M30 时，系统外部复位信号 G4.3 为 1，停止程序运行并返回到程序的开头。当程序执行到 M00 或 M01（同时选择停输出信号 Y2.2 为 1）时，系统执行程序单段运行（G46.1 为 1）。图 6 - 26 中 F45.3 为主轴速度到达信号，F45.1 为主轴速度为零的信号，R100.0 为 M 代码完成信号，R100.1 为 T 代码完成信号。

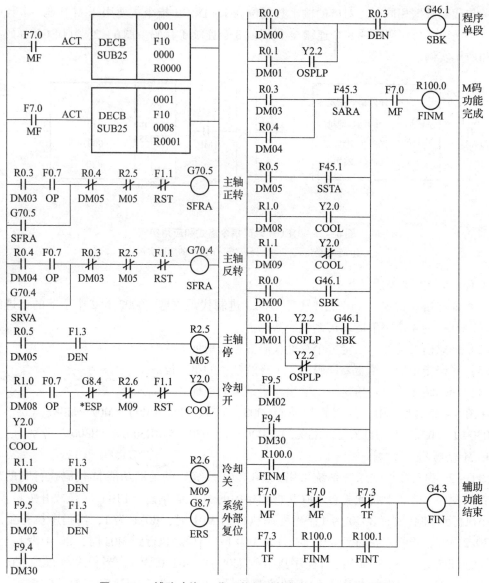

图 6-26　辅助功能 M 代码执行时的部分 PMC 控制程序

【任务实施】

任务一：请根据数控机床的实际情况，给出表 6-30 所示功能键的 PMC 输入/输出地址。

表 6-30　各功能键的 PMC 输入/输出地址

序号	功能键	输入地址	输出地址
1	主轴正转		
2	主轴反转		
3	主轴停止		

任务二：写出利用存储卡完成数控机床梯形图恢复的操作步骤，恢复文件名为 "ZZSD-LAD"。

操作步骤：_____

_____

任务三：编写主轴功能（手动启动主轴）的 PMC 程序，并完成调试。

任务四：解释 SUB25 功能指令。

```
    ACT
 ───┤├───┌─────┬─────┐        ┌─○
         │     │ 0 n n d │        格式指令
         │SUB25│ ○○○○ │        译码数据地址
         │DECB │ ○○○○ │        译码指定
         │     │ ○○○○ │        转换数据输出地址
         └─────┴─────┘
```

格式指定：_____

译码数据地址：_____

译码指定：_____

译码数据输出地址：_____

任务五：写出利用存储卡完成数控机床梯形图恢复的操作步骤，恢复文件名为 "ZZZD-LAD"。

操作步骤：_____

_____

_____

任务六：编写主轴功能（自动启动主轴）的 PMC 程序，并完成调试。

任务七：查看选择表 6 – 31 所示倍率时 X0011.1、X0011.0 和 X0010.7 的状态。

表 6 – 31　各倍率时 X0011.1、X0011.0 和 X0010.7 的状态

倍率	X0011.1	X0011.0	X0010.7
50%			
60%			
70%			
80%			
90%			
100%			
110%			
120%			

任务八：写出利用存储卡完成数控机床梯形图恢复的操作步骤，恢复文件名为 "ZZBLLAD"。

操作步骤：_____

_____

_____

任务九：编写主轴倍率功能的 PMC 程序，并完成调试。

任务十：写出利用存储卡完成数控机床梯形图恢复的操作步骤，恢复文件名为"BIAOZHUNLAD"。

操作步骤：_____

【任务拓展】

某数控机床，配置有 FANUC 0i Mate - MD 数控系统，采用串行主轴控制，在 MDI 和 AUTO 模式下，执行 M04 S1000 可以使主轴反转，但是当执行 M03 S1000 时，主轴不能正转，试分析可能的故障原因。

相关专业英语词汇

PMC——可编程机床控制器

PMCMNT——PMC 维护

PMCLAD——PMC 梯形图

PMCCNF——PMC 配置

sequence program——顺序程序

ladder——梯形图

specification——规格

interface——端口

I/O device——输入/输出设备

assign——分配

group——组

base——座

slot——槽

DGN——诊断

MA（machine ready）——机床准备完成

SA（servo ready）——伺服准备完成

ESP（emergency stop）——急停

mode select——方式选择

ROV（rapid override）——快速进给倍率

IT（interlock）——互锁

jog——手动进给

JV（jog override）——手动进给倍率

SPC（serial pulse coder）——串行脉冲编码器

SSPA（serial spindle Alarm）——串行主轴报警

online——在线

第三篇　数控机床整机装调与验收

项目七　数控机床整机安装与调试

项 目引入

数控机床属于高精度、自动化机床，必须安装、调试和验收合格后，才能投入生产。数控机床整机的安装与调试是机床使用前期的一个重要环节，其目的是使数控机床达到出厂时的各项性能指标，从而使数控机床各项功能正常运行，并且使加工精度达到客户的要求。本项目主要包括数控机床整机安装、数控机床整机调试任务。通过完成上述工作任务，学生能够具备数控机床整机安装与调试的职业能力。

项 目要求

(1) 掌握数控机床的安装步骤及注意事项。
(2) 掌握数控机床的调试方法和步骤。
(3) 能够读懂数控机床总装配图。
(4) 能够完成数控机床的整机安装与调试。

项 目内容

任务1　数控机床整机安装
任务2　数控机床整机调试

任务1　数控机床整机安装

【任务目标】

(1) 了解数控机床整机安装的流程。
(2) 掌握数控机床整机安装的步骤及注意事项。
(3) 能够根据相关技术要求完成数控机床的整机安装。

【任务描述】

现有一台某机床生产厂家生产的水平床身的数控车床，如图7-1所示，要求完成该车床的整机安装工作。

图7-1　数控车床

【任务准备】

一、资料准备

本任务需要的资料如下：

（1）该机床安装说明书；

（2）该机床使用说明书。

二、工具、材料准备

本任务需要的工具和材料清单如表7-1所示。

表7-1　项目七任务1需要的工具和材料清单

类型	名称	规格	单位	数量
工具	精密水平仪	0.02/1 000 mm	块	2
	起吊机	10T	台	1
	钢丝绳、枕木、撬棍	根据实际情况选用	—	若干
	防震垫铁	根据实际情况选用	组	16
	螺丝刀	一字	套	1
	螺丝刀	十字	套	1
	内六角扳手	2~19 mm（14pcs）	套	1
	杠杆式千分表	0~0.6 mm （0.002 mm）	个	1
材料	除油剂	TA-39	瓶	1
	润滑油	20#、35#	升	20

三、知识准备

数控机床的安装是数控机床调试前的重要工作，只有完成了安装工作，才能进行调试工作。

1. 数控机床安装前的技术准备

1）环境要求

安装数控机床时要有足够的面积和空间，不能有阳光直射，附近不能有热源，采光、环境温度和湿度应适宜，并符合所安装数控机床给定的技术要求。

对于普通精度的数控机床的安装，一般对环境温度没有特殊要求，但是在一天的工作时间范围内，环境温度波动不能过大。因为较大的环境温度波动会影响数控机床的精度，也会给数控机床的热稳定性带来不良影响，同时也直接或间接地影响被加工零件的精度。

而精密数控机床的安装对环境温度有一定的要求，一般为（20±2）℃，并要安装在具有中央空调的房间内。注意：不能用单独的空调设备，如挂式空调、柜式空调及分体式空调等，以免机床局部过热或过冷对加工造成影响。

对于高精度或超精密的数控机床，特别是一些高精度或超精密的数控坐标镗床和数控坐标磨床，其安装对环境温度的要求更高，一般为（20±1）℃，甚至还有要求为（20±0.5）℃的数控机床，并且这些机床对室内的设备数量、人员流动等都有特殊的要求。这是因为室内设备多了会增加热源，使数控机床自身的热稳定时间延长或间断变化；过多的人员流动会使空气温度产生波动，使超精密机床出现微小的热胀冷缩变化，影响零件的加工精度，同时还会加快数控机床的机械运动部件摩擦。

除环境温度外，数控机床的安装对环境的相对湿度也有比较严格的要求，一般要求在75%以内。一些进口的精密数控机床对环境相对湿度的要求还要高一些。因为如果室内相对湿度较大，会使电气元件、检测元件受潮而出锈斑或锈蚀现象，从而使数控机床不能正常工作。

因此，当安装数控机床时，特别是安装高精度或超精密的数控机床时，一定要按照数控机床的要求严格控制环境温度和相对湿度，给数控机床的使用提供良好的前提条件。

2）地基要求

通常，机床在运到用户之前就要按双方签订的合同要求，由数控机床生产厂家将用户订购的数控机床地基图提供给用户，作为用户安装数控机床的技术条件之一，让用户把地基准备好。

数控机床种类较多，一般小型数控机床不需再准备特殊的地基，可以直接使用所建厂房的通用地基，而大型或精密型的数控机床则需要按要求制作地基。

一般来说，在安装大型或精密型的数控机床时需要提前将螺钉孔制作好，以便数控机床到位后固定地脚螺钉。图7-2为某数控机床的地基和地脚螺钉位置图。

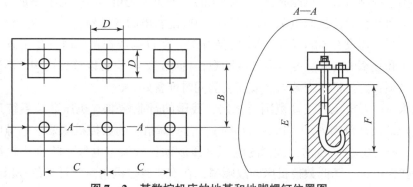

图7-2 某数控机床的地基和地脚螺钉位置图

大型或精密型数控机床的安装不仅对6个地脚螺钉孔的长×宽×深（L×D×E）和螺钉的深度有具体要求，同时，对6个地脚螺钉孔的位置也有具体要求。

目前，有许多数控机床不用地脚螺钉，而是用减振垫铁作为数控机床的支承点。也就是说，数控机床的床身不需要与地面紧固，只把机床放在减振垫铁上即可。当调整机床水平时，只要调整减振垫铁的高低即可。图7-3为某数控机床用减振垫铁的地基图。

图7-3中共有5个支承点，其中3个A为主要支承点，2个B为辅助支承点。数控机床只要放在这5个支承点上，就不需要用地脚螺栓紧固。当调整机床水平时，只要先调整3个A点的减振垫铁，使机床处于要求的水平状态，再调整2个B点的减振垫铁与机床底面牢靠接触就可以了。当然，这种不需要地脚螺钉的数控机床床身和需要地脚螺钉的数控机床床身在设计上是不同的。

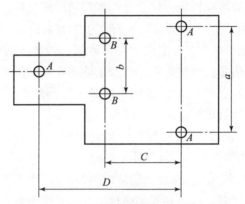

图7-3　某数控机床用减振垫铁的地基图

另外，还有一些数控机床，特别是一些进口的数控车床、车削中心、立式加工中心及卧式加工中心等对机床调整水平也没有特殊的要求，只要基本水平即可，不需要用水平仪来测量。但在安装这类数控机床时，对地基面的平面度有一定要求，即在制作地基地面、地面抹平时，安装数控机床的位置允许每平方米有1～2 mm的误差，或者安装整体机床地面的平面度要在一定的要求范围内。当然，这些类型的机床大都属于普通精度的数控机床。

（3）电压要求

我国供电制式是三相交流380 V或单相交流220 V，供电频率为50 Hz。而有些国家的供电制式和供电频率与我国的不同，如有的供电制式是交流200 V，供电频率采用60 Hz。因此，这些国家在制造数控机床时，电源电压的要求应与之相适应。为了满足不同用户的需要，生产厂家通常在数控机床电源输入电压的前端配备电源变压器，变压器上设有多个插头供用户使用，同时还设有50/60 Hz频率转换开关。在订购数控机床时，要了解清楚所订数控机床对电压和频率的要求。变压器可以随数控机床订购，也可以单独订购。不管采取哪种订购方式，必须在数控机床安装以前或安装的同时准备好。

数控机床对电源电压的波动范围有规定，我国的行业标准《机床数控系统通用技术条件》规定电压的波动范围为±（10%～15%）。有些高精度的数控机床要求电源电压的波动范围为±（5%～10%）。目前，我国的电网电压波动比较大，电气干扰也比较严重，为了正确使用好数控机床，降低数控机床的故障率，在安装数控机床前就要配备好相应的稳压电源（稳压器）。

4）接地要求

众所周知，数控装置与外部 MDI/CRT 单元、强电柜、机床操作面板、进给伺服电动机的动力线与反馈信号线、主轴驱动电动机的动力线与反馈信号线、手摇脉冲发生器等最后都要进行地线连接。数控机床的地线连接十分重要，良好的地线连接不仅能够保障设备和人身的安全，还能减少电气干扰，保证数控机床的正常运行。图 7-4 为数控机床一点接地法示意。

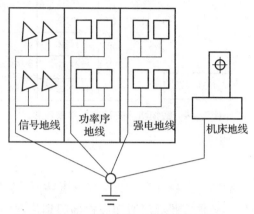

图 7-4　数控机床一点接地法示意

一般厂房都具备接地装置，在数控机床安装时，要认真检查这些接地装置。有些数控机床，特别是一些精密或超精密的数控机床对机床的外部接地还有特殊要求，因此需要单独接地。一般地线都采用辐射式接地法，即将数控机床所有需要接地的电缆都连接到公共接地上，公共接地点再与大地相连。同时，数控柜与强电柜之间应有足够粗的保护接地电缆，截面积应在 5.5~14 mm^2 之间；而总的公共接地点必须与大地接触良好，一般要求接地电阻的范围为 4~7 Ω。一些高精度的数控机床对接地电阻还有更高的要求，如小于 3 Ω 等。

由此可见，数控机床在安装前必须检查或准备好外部接地装置，并保证其具有良好的接地电阻，这样才能在保证人身和设备安全的同时，也能保证数控机床的正常运行，使数控机床具有良好的抗干扰能力。

5）气源要求

大多数数控机床都要使用压缩空气，通常要求压缩空气的压力为 4~6 bar，也有的数控机床要求 5~8 bar，而许多工厂具有集中供应压缩空气的设备或压缩空气站。如果购买的数控机床所要求压缩空气的压力超出了用户所提供的压力范围，或者用户没有集中供应压缩空气的系统，那么在安装数控机床前还要准备好单独提供压缩空气的空气压缩机。

在选购空气压缩机时，一定要按照厂家或机床说明书中提供的技术参数或技术数据进行选购，所需压缩空气的压力、流量必须满足要求，否则数控机床不能正常工作。

不管采用什么方式给数控机床提供气源，在输入到数控机床的前端，都需安装一套气源净化装置来除湿、除油及过滤，以达到机床说明书的技术要求。一旦未过滤的水、油及污物进入到数控机床的气动系统中，就会缩短机床的使用寿命。

6）液压油、润滑油、切削液及防冻液的准备

在安装数控机床前，应按照说明书的要求将液压油、润滑油、切削液及防冻液按型号、牌号及数量准备好，并放置在现场。在数控机床安装完毕后，应将各种润滑油、液压油加入

到机床中，切削液、防冻液也应当按要求加好。如果这些工作不提前做好准备，待数控机床安装完成，准备通电试机或要开始调试数控机床时才去准备，势必影响工作的进度。数控机床安装前的准备流程如图7-5所示。

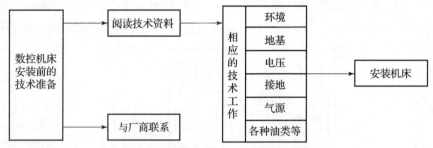

图7-5　数控机床安装前的准备流程

2. 机床的组件安装

1）开箱

开箱时要取得生产厂商的同意，最好有厂商在现场指导，一旦发现运输过程的问题可及时解决。对于进口数控机床，必须按照规定通知商检部门到达现场，经其同意后才能开箱，同时商检部门对开箱的全过程进行监管。开箱后商检部门要检查设备的外观质量，对以后的设备验收也实施监控，若出现外在或内在的质量问题，商检部门将与外商交涉协商解决。

在开箱之前，要将包装箱运至机床安装位置的附近，以免在拆箱后因较长距离的搬运而引起长时间振动和灰尘、污物的侵入。当室外温度与室内温度相差较大时，应使机床温度逐步过渡到室温，避免由于温度的突变造成空气中的水汽凝聚，以致在数控机床的内部零件或电路板上引起锈蚀。

在拆箱时，一般应先拆去顶盖，然后再拆4个侧板。在拆卸包装箱时，一定要注意不要让包装箱板碰坏机床，特别是机床的电动机、电器柜、CRT显示器和操作面板等。

拆除顶盖和4个侧板后，先要检查机床的运输情况，如发现问题应及时与生产厂商或有关部门联系。如果没有问题，可拆除包装机床的密封罩，取出机床资料、说明书及装箱清单。

2）检查外观

打开机床包装箱及包装密封罩以后，要认真、彻底地检查数控机床的全部外观，如果发现碰伤、损坏以及被盗等现象，要及时与厂商或有关部门联系。很多中、大型数控机床一般是由两个或两个以上的包装箱分开包装机床的附件、部件和备件等。附件一般有切削液装置、排屑器、液压装置等；部件一般有刀库、工作台及托盘等；更大的设备还会将床身解体分开包装。但不管有多少包装箱，包装箱打开后都必须认真检查其外观。

3）按照装箱单清点机床附件、备件、工具及资料说明书

拿到装箱单后，按照清单认真清点机床各附件、备件、工具、刀具及有关资料和说明书等。通常在清点装箱单时，厂商要有代表在场。如果是进口设备，厂商代表、商检部门人员都要在场，以便出现问题及时登记、处理。

4）吊装就位

数控机床由于体积比较庞大，机床的就位应考虑吊装方法。机床的起吊应严格按照说明

书的吊装图进行，如图7-6所示。起吊时，注意机床的重心和起吊位置，必须保证机床上升时底座呈水平状态。当吊运加工中心时，直接将钢丝绳套在床身的吊柄上，吊钩通过吊杆将两组钢丝绳近似垂直起吊，钢丝与机床及防护板的接触处必须用木块垫上，或在钢丝绳表面套上橡皮管，以免擦伤机床及防护板。待机床吊起离地面100～200 mm时，应仔细检查悬吊是否稳固。确认稳固后再将机床缓缓地送至安装位置，并使减震垫铁、调整垫板、地脚螺栓对号入座。

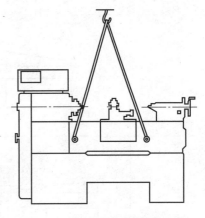

图7-6 数控机床吊装方法示意

5）水平调整

机床的水平调整是数控机床安装的主要内容之一，也是数控机床能够保证加工精度的前提条件。水平调整是指机床吊装到位后，在自由状态下，将水平仪放在机床的主要工作面（如机床导轨面或装配基面）进行找平，找平后将地脚螺栓均匀地锁紧并在地脚螺栓预留孔中浇注水泥。在评定机床安装水平时，水平仪读数不应大于0.02/1 000 mm。在测量安装精度时，应选取一天中温度恒定的时候。

机床安装就位后，应注意如下技术要求。

（1）垫铁的型号、规格和布置位置应符合设备技术文件的规定。当无规定时，应符合下列要求：每一地脚螺栓近旁，应至少有一组垫铁；垫铁组在能放稳和不影响灌浆的条件下，宜靠近地脚螺栓和底座主要受力部位的下方；相邻两个垫铁组之间的距离不宜大于800 mm；机床底座接缝处的两侧，应各垫一组垫铁；每一垫铁组的块数不应超过3块。图7-7为垫铁放置示意。

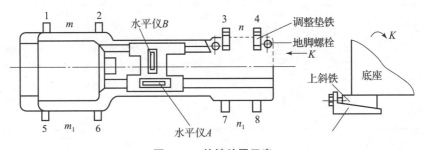

图7-7 垫铁放置示意

（2）每一垫铁组应放置整齐、平稳且接触良好。部分常用调整垫铁如表7-2所示。

（3）机床调平后，垫铁组伸入机床底座底面的长度应超过地脚螺栓的中心，垫铁端面应露出机床底面的外缘，平垫铁宜露出10～30 mm，斜垫铁宜露出10～50 mm，螺栓调整垫铁应留有再调整的余量。

（4）调平机床时应使机床处于自由状态，不应采用紧固地脚螺栓局部加压等方法，强制机床变形使之达到精度要求。对于床身长度大于8 m的机床，当"自然调平"达到要求有困难时，可先经过"自然调平"，然后采用机床技术要求允许的方法强制达到相关的精度。

表 7 - 2 部分常用调整垫铁

名称	图示	特点和用途
斜垫铁	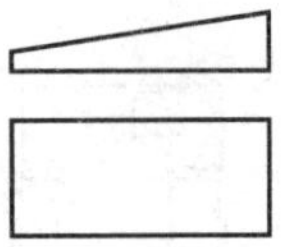	斜度 1 : 10，一般配置在机床地脚螺栓附近，成对使用。用于安装尺寸小、要求不高、安装后不需要再调整的机床，亦可使用单个结构，此时与机床底座为线接触，刚度不高
开口垫铁	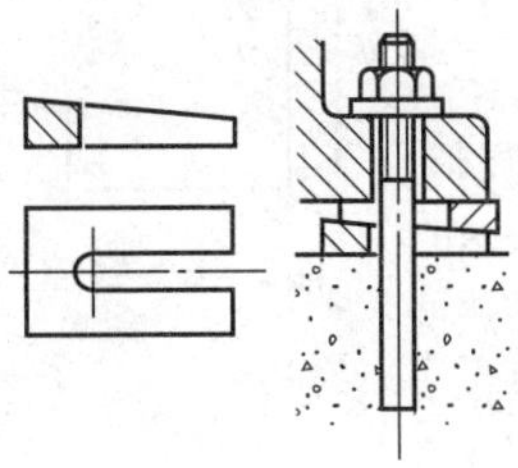	直接卡入地脚螺栓，能减轻拧紧地脚螺栓时使机床底座产生的变形
带通孔斜垫铁	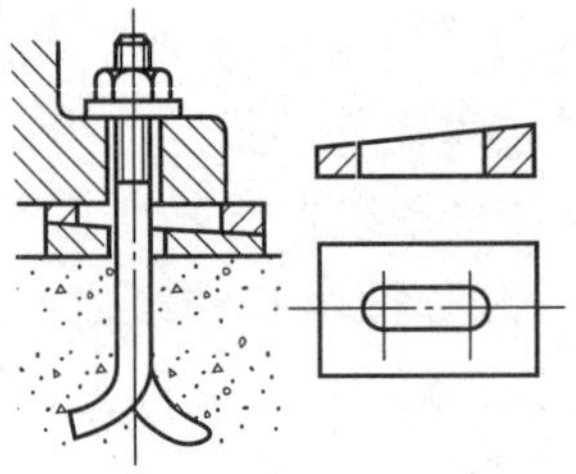	套在地脚螺栓上，能减轻拧紧地脚螺栓时使机床底座产生的变形
钩头垫铁	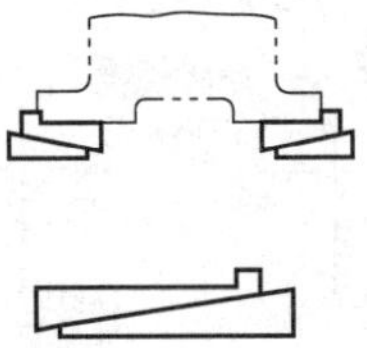	垫铁的钩头部分紧靠在机床底座边缘上，安装调整时起限位作用，安装水平不易走失，用于振动较大或质量为 10~15 t 的普通中、小型机床

（5）当组装机床的部件和组件时，组装的程序、方法和技术要求应符合设备技术文件的规定，出厂时已装配好的零件、部件，不宜再拆装；组装的环境应清洁，精度要求高的部件和组件的组装环境应符合设备技术文件的规定；零件、部件应清洗洁净，其加工面不得被磕碰、划伤和产生锈蚀；机床的移动、转动部件组装后，运动应平稳、灵活、轻便、无阻滞现象，变位机构应准确可靠地移到规定位置；组装重要和特别重要的固定结合面，应符合机床技术规范中的相关检验要求。

【任务实施】

按照表 7 - 3 所示步骤完成数控车床的安装。

表7－3　数控车床的安装步骤

序号	步骤	操作内容与要求
1	安装环境准备工作	为拆装方便，可将机床安装位置与四周间距加大至1.5~2 m。
		车间温度应控制在5~40 ℃范围之间，正常相对湿度应低于75%。
		车间地基厚度要求在400 mm以上
2	机床的吊装就位	检查机床外观并按照装箱单清点配件是否齐全
		起吊时，注意机床的重心和起吊位置，在机床刚刚吊离地面时就应确保机床平衡。缓慢吊起移至安装位置，将减震垫铁放入床身固定螺栓孔内并粗调水平
		将水平仪放置在导轨和工作台面上，观察气泡位置，并逐一调整减震垫铁调节螺母，使水平仪在横向、纵向放置，气泡均在刻线正中。水平调整完成后，应当把地脚螺栓拧紧，确保水平精度不变

【任务拓展】

某公司新购进一台数控铣床，根据其相关技术要求进行安装。

任务2　数控机床整机调试

【任务目标】

（1）了解数控机床的调试流程。

（2）掌握数控机床的调试方法和调试步骤。

（3）能够根据技术要求完成数控机床的整机调试。

【任务描述】

有一台新购进的水平床身的数控车床，配备FANUC 0i-TD数控系统，已吊装就位并完成了水平调整，现要求完成该数控车床的整机调试工作，如图7-8所示。

图7-8　待调试数控车床

【任务准备】

一、资料准备

本任务需要的资料如下：

（1）该数控车床电气原理图；

（2）该数控车床使用说明书。

二、工具准备

本任务需要的工具清单如表 7 – 4 所示。

表 7 – 4　项目七任务 2 需要的工具清单

类型	名称	规格	单位	数量
工具	螺丝刀	一字	套	1
	螺丝刀	十字	套	1
	万用表	VC890D	块	1
	内六角扳手	2 ~ 19 mm（14pcs）	套	1
	活扳手	200 × 24	把	1

三、知识准备

1. 数控机床调试前的检查工作

1）机床内部部件的紧固和外部电缆的连接检查

内部部件的紧固检查。首先应检查输入单元、电源单元、MDI/CRT 单元的电源按钮、输入变压器、伺服电源变压器各接线端子等处的螺钉是否紧固，再检查需有盖罩的接线端子座是否已安装盖罩，然后检查所有连接器插头的紧固螺钉是否拧紧，针型插座与扁平电缆及电源插头是否锁紧。数控机床的结构布局有的是笼式结构，有的是主从结构形式，无论何种形式都应检查固定印制电路板的紧固螺钉是否拧紧，大板和小板之间的连接螺钉是否拧紧，以及检查印制电路板各块 ROM、RAM 片是否插入到位。需要指出的是，由于连接器插接不良而造成系统故障的情况很常见，因此必须仔细检查。

外部连接是指数控机床与外部 MDI/CRT 单元、强电柜、操作面板、进给用伺服电动机的动力线与反馈信号线、主轴电动机的动力线与反馈信号线以及手摇脉冲发生器的连接。检查时应按连接手册中的规定核查，并检查各插头、插座是否正确牢固地连接。对于剥去外皮的电缆，应用金属卡子紧固在接线板上。地线的处理通常采用一点接地型，即将数控机床的信号、强电、机械等接地连接到公共接地点。总的公共接地点必须与大地接触良好，一般要求对大地的电阻值为 4 ~ 7 Ω。在数控柜与强电柜之间应有足够粗（横截面积为 5.5 ~ 14 mm²）的保护接地电缆，另外还应检查伺服单元和强电柜之间及伺服变压器和强电柜之间是否连有保护接地线。

在连接电源变压器的输入电缆时，应注意切断数控柜电源开关，并检查电源变压器及伺服变压器的电压插头连接是否正确（尤其是进口数控柜或数控机床）。然后拆下动力线（断开与速度控制单元之间的连接），并将速度控制单元设定为电动机断线不报警状态（在许多伺服单元中均可通过短路棒设定来实现），这样即使接通数控柜电源也不会引起数控系统报警。

2）机床数控系统性能的全面检查和确认

（1）设定确认。

数控系统内设有许多用短路棒短路的设定点，需要进行适当设定以适应不同型号机床的不同要求。对于购买的整机，其数控装置在出厂时就已设定好，只需确认已有的设定状态。而对于单独购买的数控装置，因为生产时是按标准方式设定的，不一定适合实际要求，故必须根据配套设备的要求自行设定。数控装置的设定确认工作应按照维修说明书的要求进行，确认控制部分印制电路板即主板、ROM 板、连接单元、附加轴控制板以及旋转变压器/感应同步器控制板的设定。这些设定与机床返回参考点的方法、速度反馈用检测元件、检测增益调节、分度精度调节等有关。无论是直流伺服控制单元还是交流伺服控制单元，都有多达二十个设定点，用于选择反馈元件、回路增益以及确定是否产生报警等。此外，主轴伺服单元也有设定点，用于选择主轴电动机电流极限、主轴转速范围等。

（2）输入电源电压、频率及相序的确认和检查。

目前，各种数控装置所用的电源有多种，常见的有三相 200 V、50 Hz 和 220 V、60 Hz，使用时必须采用变压器将 AC380 V 变为其额定电压。变压器容量应满足控制单元和伺服系统（随伺服电动机的容量而异）的电能消耗；电源电压的波动范围为 −15% ~ +10%，否则应外加交流稳压器。此外，还应确认伺服变压器原边中间插头的相序和电源变压器副边插头的相序是否正确（按 R—S—T 或 A—B—C 的顺序）。对采用晶闸管控制电路的电源而言，当相序不正确时，接通后可能使速度控制单元的保险丝烧断，故必须预先予以检查。检查相序的方法一是用相序表测量，二是用双线示波器观察 R−S 和 T−S 间的波形，如图 7−9 所示。用相序表检查时，当相序接法正确时，相序表按顺时针方向旋转；如果相序接法不对，相序表将逆时针旋转，这时可将接线 R、S、T 中任意两根线对调重新接好相序即可。用双线示波器来检测二相之间的波形时，若二相在相位上相差 120°，则证明相序是正确的。

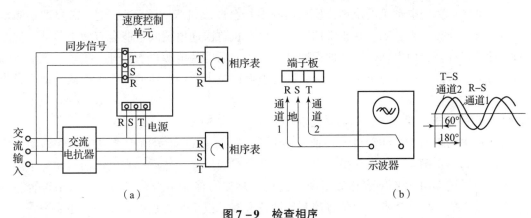

图 7−9　检查相序

（a）相序表检查；（b）示波器检查

（3）确认直流电压输出端是否对地短路。

直流电压是指数控装置内直流电源单元输出的 +5 V、+24 V、±15 V 等输出端电压，只需用万用表测量其对地的阻值即可确认。在 CNC 系统通电前，必须认真检查这些电源的输出端是否有对地短路现象。如果检查出有短路现象，应查清原因、排除故障，再通电，否则会烧坏直流稳压单元。

（4）接通数控柜电源，检查各输出电压。

首先检查数控柜的各风扇是否旋转，以确认电源是否接入数控柜，然后检测主印制电路板的检测端子，确认各直流电压是否都在允许波动的范围内。一般来说，$+5$ V、$+15$ V 和 -15 V 三种电压允许波动 $\pm 5\%$，而 ± 24 V 电压允许波动 $\pm 10\%$，如果超出范围则需进行调整。对于进给用的直流或交流伺服单元，以及主轴控制用的直流或交流伺服单元，也要确认直流电压波动，其波动允许范围一般是 $\pm(5 \sim 10)\%$。

（5）确认数控系统与机床侧的端口。

目前，数控系统一般有自诊断功能，并由 CRT（阴极射线显像器）显示数控系统与机床端口及数控装置内部的状态。当带有可编程序控制器时，有从 CNC 到 PLC、PLC 到 NC、PLC 到 MT（机床）、MT 到 PLC 的各种信号。各信号的含义及相互逻辑关系随各 PLC 的梯形图而异，应参照随机床提供的梯形图说明书（内含诊断地址表），通过自诊断显示来确认数控系统与机床之间的端口信号状态是否正确。

（6）确认数控系统各种参数的设定。

设定系统参数（包括 PLC 参数）的目的是使机床具有最佳的工作性能。即使是同一型号的数控装置，其参数设定也随机床而异，因此随机附带的参数表是机床的重要技术资料，应妥善保存，不得遗失，否则将会给机床保养和维修带来很大的困难。不同数控装置显示参数的方法不同，FANUC 数控系统是通过按下 MDI 键盘上的 ＜ SYSTEM ＞ 键来显示已存入系统存储器的参数，显示的参数内容应与机床安装调试完成后的参数表一致。最后关断数控系统电源，连接电动机的动力线，并将速度控制单元设定为电动机断线，这时会产生报警。

（7）检查机床状态。

系统工作正常时应无任何报警，但为了预防意外，应在接通电源的同时做好随时按下急停按钮的准备。伺服电动机的反馈线反接或断线均会造成机床"飞车"，这时需立即切断电源，检查线路连接是否正确。在正常情况下，电动机首次通电瞬间可能会有微小转动，但系统的自动漂移补偿会使电动机轴立即返回并定位，此后即使电源再次断开、接通，电动机轴也不会转动。因此，可以通过多次接通、断开电源或按下急停按钮的操作来确认电动机是否转动。

（8）用手动进给检查各轴的运转情况。

首先用手动进给连续移动机床各轴运动部件，通过 CRT 显示值检查机床部件移动方向是否正确。如不正确，应将电动机动力线、检测信号线反接。然后检查坐标轴运动的距离是否正确，如通过 MDI 操作输入移动指令，检查坐标轴的移动是否符合指令。若不符合，则应检查有关指令、反馈参数以及位置控制环增益等参数设定是否正确。此外，还要用手动进给低速移动机床有关部件，并使移动轴碰到超程开关使其动作，用以检查超程限位是否有效，机床是否准确停止，以及数控装置是否在超程时发出报警。最后，用点动或手动快速移动机床有关部件，观察在最大进给速度时是否出现误差过大报警。

（9）返回机床参考点。

机床的参考点是再次进行加工的程序基准位置，它直接影响到机床的加工精度，因此必须检查有无参考点功能及每次返回参考点的位置是否完全一致。

（10）确认数控装置功能是否符合订货要求。

可用适合该机床且简单明了的测试程序（如具有直线、圆弧移动指令、控制轴联动、固定循环等功能的程序）上机运行检查。数控装置的功能通常包括基本功能和选择功能，这些功能一般以软件形式提供，只能在安装调试之后，数控装置处于无报警的正常状态时通过CRT显示，或使机床运行并对照订货要求检查确认。

3）机床机械部分与辅助系统的检查

（1）机械部分的检查。

对于数控机床，首先要检查其各坐标轴的传动链、导轨端部刮削器盖板的螺钉和联轴器各锁紧螺钉是否松动，齿形同步带及带轮是否可靠、松紧是否合适。然后检查机床各坐标轴返回参考点的减速挡块固定螺钉有无松动，以及刀库上各刀位锁紧机构的螺钉、机械手卡爪及各限位块、可交换工作台外部托板机构、机床的工作室门、各防护罩、防护板等是否安全可靠。对于数控车床，还要检查其刀塔、尾座上的紧固螺钉是否可靠。

（2）液压系统的检查。

液压箱彻底清理干净后，要按机床说明书中液压油的牌号加注液压油，并检查液压油位置是否合乎要求，液压装置中的各集成元件是否牢靠，各液压电磁阀上的插头插座位置是否正确（按标记号检查）。压力表一定要进行校验并标记。此外，还要检查外部过滤装置等。

（3）气动系统的检查。

气动压力表一定要进行校验并标记。对三联装置，即过滤器、调压阀和喷雾润滑，进行检查，以确认是否需要清洗过滤器。同时，应按机床说明书的要求加注喷雾润滑油，检查气动装置上的各气动元件和各电磁阀上的插头插座位置是否正确（按标记号检查）。

（4）中心润滑系统的检查。

中心润滑系统主要用于数控机床各坐标轴的滚珠丝杠副、导轨、轴承及各运动面、滑动面的润滑。在检查这部分时，必须将油箱清洗干净后，加注机床说明书规定牌号的润滑油到中心润滑油箱所标注的上限位置。中心润滑系统的压力表同样要进行校验标记，并标注下次校验日期。同时，还要检查中心润滑装置本身是否固定牢靠，以免在润滑时产生振动。

（5）制冷系统的检查。

制冷系统主要用于主轴冷却、液压油循环冷却，在有的数控机床中也用于电气柜冷却。以前的数控机床也有用水冷的，其制冷系统中需要加入防冻液。在数控机床通电前通常要先检查防冻液的液位是否合适，电动机、压缩机及排风扇等是否安装牢靠，各开关、插头及接线是否正确。这里要注意，防冻液对人体是有害的，在加注时不要用手直接接触。

（6）切削液系统和排屑装置的检查。

通常，数控机床的切削液装置和排屑装置是在一起安装的。切削液通过冷却管喷出后，从排屑器底部经过过滤返回到切削液装置的容积箱内，再由切削液泵泵入管路中。在一些数控机床中，特别是有些电主轴的数控机床，切削液先经过制冷装置冷却降温，再经精过滤器进入电主轴内部，对电主轴进行冷却后再返回切削液箱。因此，在数控机床通电前对切削液系统和排屑装置要进行认真的检查。此外，还要对切削液装置上的高压泵电动机、排屑装置的低压泵电动机的相序用前面所述方法进行检查纠正；检查压力表（同样要进行首次校验）各管接头是否安装好；检查各电磁换向阀插头，各开关位置是否正确；过滤器是否安装牢靠；排屑装置与切削液箱的连接是否正确；排屑装置与机床接触部位的高低是否合适；排屑链的松紧是否合适；排屑装置上开关按钮的位置是否正确等。如果有主轴内冷，还要检查用于主轴内冷的过滤装置上的各部件是否安装正确、牢靠；加注切削液后，各部分装置的液位是否合适，有无泄漏现象等。

4）接通电源后的检查

通电检查的具体内容如下。

（1）强电柜电源的检查。

在通电以后，首先要检查强电柜内电源变压器的输入端和输出端（初级和次级）的电压是否符合技术要求，各相电压输入和输出是否平衡。如果发现异常，必须立刻断电，待故障排除后再通电进行下一步的工作。

（2）数控柜内电源的检查。

为了确保安全，在接通电源之前，可先将电动机动力线断开，这样在系统工作时不会引起机床运动。但在做此工作以前，先要阅读该数控机床的说明书和电路图，根据说明书的介绍对速度控制单元做一些必要性的设定，避免因断开电动机的动力线而造成数控机床报警。

接通电源以后，检查各输出电源是否正确。首先检查数控柜中的各排风扇是否旋转，这也是判断电源是否接通的最简单、最直观的方法之一；然后检查各模块单元及印制电路板上的电压是否正常，各种直流电压是否在允许的范围内。

一般来说，±24 V电压允许误差是±10%，即±（21.6~26.4）V；±15 V电压的误差不超过±10%，即±（13.5~16.5）V；对于±5 V电源要求较高，误差不能超过±5%，即为±（4.75~5.25）V。因为+5 V电压是供给逻辑电路的，如果波动太大，会直接影响系统工作的稳定性。如果发现上述电压有问题，或不在要求的范围内，应立即断电，待故障排除后再进行下一步工作。

（3）各熔断器的检查。

各熔断器是主线路及每一块电路板或电路单元的保险装置，当外电压过高或负载端发生意外短路时，熔丝即刻熔断而使电源切断，起到保护作用。所以，通电前要用万用表测量各熔断器是否接通、型号是否正确，通电以后还要检查熔断器是否工作正常。

（4）液压系统、气动系统的检查。

检查通电后的液压系统、气动系统的压力是否正常，各元件管接头有无漏油、漏气现象，还要特别注意主轴拉刀机构、变速机构的液压缸、机械手、刀库、主轴卡紧、尾座动作等的液压缸和电磁阀有无漏油现象。如果漏油，应立即断电修理或者更换，待故障排除后才能进行下一步工作。

（5）CNC系统通电。

CNC系统的电源接通以后，需等待几秒钟观察CRT显示，直到出现正常界面为止。如果出现报警，应根据报警内容采取措施。若需要关机，应切断电源，分析并寻找故障，将其排除后再通电进行下一步工作。此时应注意，报警内容可能不止一个，要将每个故障都排除，否则下一步工作将无法进行。图7-10为数控机床接通电源后的检查工作流程。

完成这一步后，数控机床调试前的检查工作就基本完成。当然，在进行这些检查工作时，要根据数控机床各自的特点、技术要求进行具体分析并区别对待。下一步工作即进行数控机床的调试，应当进行数控机床CNC系统的功能检查和调试工作。

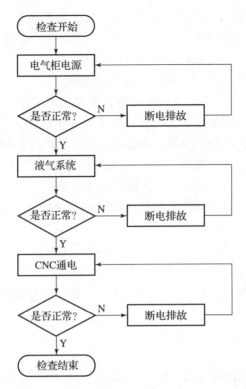

图 7-10　数控机床接通电源后的检查工作流程

2. 数控机床的通电调试

机床通电前还要按照机床说明书的要求给机床润滑油箱、润滑点灌注规定的油液或油脂，清洗液压油箱及过滤器，灌足规定标号的液压油，接通气源等。然后再调整机床的水平，主要几何精度，以及各主要运动部件与主轴的相对位置，如机械手、刀库及主轴换刀位置的校正，自动托盘交换装置与工作台交换位置的校正等。

机床通电操作是先合上总电源，在 NC 不上电的情况下，检测三相电源相序、电压数值和有无缺相，只有全部正常才启动 NC。查看主轴电动机和进给轴电动机旋转是否正常，旋向是否正确，确认正常后机床断电，将电动机与机械部分相连接。机床通电操作可以是一次同时接通各部分电源全面通电，也可以各部分分别通电，然后再进行总供电试验。对于大型设备而言，为保证安全，应采用分别供电。通电后首先观察机床各部分有无异常、有无报警故障，然后用手动方式陆续启动各部件。检查安全装置是否起作用、能否正常工作，液压泵工作后液压管路中是否形成油压，各液压元件是否正常工作、有无异常噪声，液压系统、冷却装置能否正常工作等。总之，根据机床说明书检查机床主要部件功能是否正常、齐全，保证机床各环节都能操作运转起来。

在数控系统与机床联机通电试车时，虽然数控系统已经可以正常工作且无任何报警，但为了以防万一，应在接通电源的同时，做好按压急停按钮的准备，以便随时能够切断电源。例如，当伺服电动机的反馈信号线接反或断线均会造成机床"飞车"时，需要立即切断电源，检查接线是否正确。

通电正常后，用手动方式检查如下各基本运动功能。

（1）将状态选择开关置于 JOG 位置，将点动速度放置在最低挡，分别进行各坐标正、反向点动操作，同时按下与点动方向相对应的超程保护开关，验证其保护作用的可靠性，然后再进行慢速的超程试验，验证超程撞块安装的正确性。

（2）将状态开关置于回零位置，完成回参考点操作。

（3）将状态开关置于 JOG 位置或 MDI 位置，将主轴调速开关放在最低位置，进行各挡的主轴正、反转试验，检查主轴运转情况和速度显示的正确性。然后逐渐升速到最高转速，观察主轴运转的稳定性。进行选刀试验，检查刀盘正、反转的正确性和定位精度。逐渐调整快速超调开关和进给倍率开关，随意点动，观察速度变化的正确性。

（4）将状态开关置于 EDIT 位置，自行编制一简单程序，尽可能多地包括各种功能指令和辅助功能指令，位移尺寸以机床最大行程为限。同时进行程序的增加、删除和修改操作，为下一步做准备。

（5）将状态开关置于程序自动运行位置，验证所编制的程序执行空运转、单段运行、机床锁住、辅助功能锁住状态时的正确性。分别改变进给倍率开关、快速超调开关、主轴速度超调开关的位置，使机床在多种情况下充分运行，然后将各超调开关置于 100% 处，观察整机的工作情况是否正常。

3. 数控车床空运行功能检验与调试

1）手动功能检验

对于车削直径为 200～1 000 mm，最大车削长度为 5 000 mm 的数控卧式车床，通常需要进行以下检验。

（1）任选一种主轴转速和动力刀具主轴转速，起动主轴和动力刀架机构进行正转、反转、停止（包括制动）的连续试验，不少于 7 次。

（2）主轴和动力刀具主轴做低、中、高转速变换试验，转速的指令值与显示值（或实测值）之差不得大于指令值的 5%。

（3）任选一种进给量，将起动进给和停止动作连续操纵，在 Z 轴、X 轴、C 轴的全部行程上做工作进给和快速进给试验，Z 轴、X 轴快速行程应大于全行程的 1/2。正、反方向连续操作不少于 7 次，并测量快速进给速度及加、减速特性。测试伺服电动机电流的波动，其允许差值由制造厂规定。

（4）在 Z 轴、X 轴、C 轴的全部行程上，做低、中、高进给量变换检验。

（5）用手摇脉冲发生器或单步进行溜板、滑板、C 轴的进给检验。

（6）用手动使尾座和主轴在其全部行程上做移动检验。

（7）对于有锁紧机构的运动部件，在其全部行程的任意位置上做锁紧试验，倾斜和垂直导轨的滑板在切断动力后不应下落。

（8）对回转刀架进行各种转位夹紧检验。

（9）对液压、润滑、冷却系统做密封、润滑、冷却性能试验，要求调整方便、动作灵活、润滑良好、冷却充分、各系统无渗漏。

（10）进行排屑、运屑装置检验。

（11）对于有自动装夹换刀机构的机床，应进行自动装夹换刀检验。

（12）对于有分度定位机构的 C 轴应进行分度定位检验。

（13）对数字控制装置的各种指示灯、程序读入装置、通风系统等进行功能检验。

（14）检验卡盘的夹紧、松开的灵活性及可靠性。

（15）机床的安全、保险、防护装置功能检验。

（16）在主轴最高转数下，测量制动时间，取 7 次平均值。

（17）自动监测、自动对刀、自动测量、自动上下料装置等辅助功能检验。

2）控制功能验收

用 CNC 系统控制指令进行机床的功能检验，检验其动作的灵活性和功能可靠性，具体步骤如下。

（1）主轴进行正转、反转、停止及变换主轴转速检验（无级变速机构做低、中、高速检验，有级变速机构做各级转速检验）。

（2）进给机构做低、中、高进给量及快速进给变换检验。

（3）C 轴、X 轴和 Z 轴联动检验。

（4）回转刀架进行各种转位夹紧试验，选定一个工位测定相邻刀位和回转 180° 的转位时间，连续 7 次，取其平均值。

（5）试验进给坐标的超程、手动数据输入、坐标位置显示、回参考点、程序序号指示和检索、程序停止、程序结束、程序消除、单步进给、直线插补、圆弧插补、直线切削循环、锥度切削循环、螺纹切削循环、圆弧切削循环、刀具位置补偿、螺距补偿、间隙插补及其他说明书规定的面板及程序功能的可靠性和动作的灵活性。

3）温升检验

温升检验主要是测量主轴高速和中速空运行时主轴轴承、润滑油和其他主要热源的温升及其变化规律，检验时应连续运转 180 min。为保证机床在冷态下开始试验，试验前 16 h 内不得工作，且试验中途不得停止。试验前应检查润滑油的数量和牌号，确保符合使用说明书的规定。

温度测量应在主轴轴承（前、中、后）处及主轴箱体、电动机壳和液压油箱等产生热量的部位进行。

保持主轴连续运转，每隔 15 min 测量一次。最后根据被测部位温度值绘成时间 – 温升曲线，如图 7 – 11 所示，以连续运转 180 min 的温升值作为考核数据。

在实际的检验过程中，应该注意以下几点。

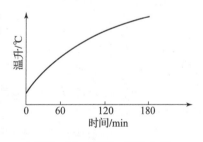

图 7 – 11 时间 – 温升曲线

（1）温度测点应尽量选择靠近被测部件的位置。主轴轴承温度应以测温工艺孔为测点。在无测温工艺孔的机床上，可在主轴前、后法兰盘的紧固螺钉孔内装热电耦，螺孔内灌注润滑脂，孔口用橡皮泥或胶布封住。

（2）室温测点应设在机床中心高处离机床 500 mm 的任意空间位置，油箱测温点应尽量靠近吸油口的位置。

4. 数控车床的整机调试与负荷试验

1）数控车床的空运转调试

例如，有一台卧式数控车床，其最大车削直径为 400 mm，最大车削长度为 600 mm，主轴的转速为（25 ~ 5 000）r/min，能实现无级调速，即主轴的最低转速为 25r/min，最高转速为 5 000 r/min。

（1）温升的调试。

将数控车床的主轴从最低速开始运转，经过中速、高速进行卧式数控车床的主轴温升调试。按照 JB/T 4368.3 – 1996 标准的规定，主轴最高转速的运行时间不能少于 1 h，如果是有级变速，从低到高每级速度的运转时间不少于 2 min。在这里把主轴的转速（25 ~ 5 000）r/min 划分为 24 个挡次。由于最低转速是主轴刚开始运转，故需要运行 30 min；然后逐步提高转速到 5 000 r/min，并运行 60 min。

在主轴运行过程中，可以从 CRT 显示来监控主轴的温度和温升情况。在 CRT 显示监控的同时，可以用激光测温计对主轴进行直观测温，与 CRT 显示的温度值进行比较，就可以较准确地测出主轴运转时的温度和升温情况。

对于卧式数控车床来说，主轴轴承的温度不能超过 70 ℃，温升不能超过 35 ℃，否则说明主轴轴承的自身质量、主轴轴承的精度选择及主轴轴承的装配质量存在问题。

（2）主轴转速和各坐标轴进给速度的调试。

按照国家机械行业标准《数控卧式车床技术条件》（JB/T4368.3—1996）的规定：主轴转速的实际偏差不应超过指令值的 ±5%，各坐标轴的进给运动，包括 C 坐标轴旋转运动也不能超过指令值的 ±15%。以主轴转速 S = 1 000 r/min 和坐标进给速度 F = 500 m/min 为例，偏差值规定的范围如图 7 – 12 所示。

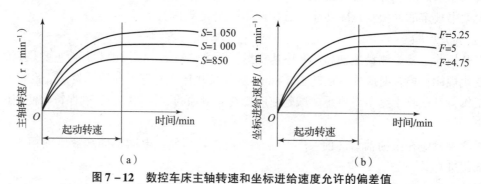

图 7 – 12　数控车床主轴转速和坐标进给速度允许的偏差值
(a) 主轴转速偏差值；(b) 坐标进给速度偏差值

如图 7 – 12 所示，假设给定主轴的转速 S = 1 000 r/min，这可以是在 MDI 方式给定，也可以是程序中给定，那么主轴的实际转速范围为（950 ~ 1050）r/min；假设给定坐标进给速度 F = 5 m/min，这可以是 MDI 方式给定，也可以是程序中给定，那么各坐标轴实际进给速度范围为（4.75 ~ 5.25）m/min。

主轴的转速和各坐标轴的进给速度是直接影响切削速度和保证数控机床加工精度的重要参数。因此，在调试数控车床的主轴转速和各坐标轴的进给速度时，可以用调整参数的方法进行一定范围内的修正。

（3）数控车床主机各部分动作的调试。

可以用手动直接操纵按钮、开关在主轴低转速、中转速及高转速中各选择一种转速，然后起动主轴，并分别对主轴的低转速、中转速及高转速进行正转、反转、停止以及增速、减速试验，并进行 7 次以上的操作。再用控制指令 M 功能和 S 功能重复上述动作，检验主轴动作是否灵活、可靠，这就是对主轴的正转、反转和制动的各动作进行试验和调试。

对 X 坐标轴、Z 坐标轴和 C 坐标轴用手动直接操作按钮、开关，在低速、中速和高速进给的全行程内各进行 7 次以上的起动、停止正转、反转以及增速、减速的连续运动和切换试验。然后再用控制指令 G 功能和 F 值重复低速和中速运行的动作，用 G00 指令重复高速运行的动作，对 C 轴还要进行分度定位的动作。此时，坐标伺服电动机、分度检测装置、位置检测装置、机械各传动装置及润滑系统等都应工作正常。

X、Z、C 坐标轴在 CNC 系统的控制下进行联动，包括直线轨迹和曲线轨迹的联动。在圆弧或曲线轨迹的联动中，还应进行顺时针圆弧或曲线的联动和逆时针圆弧或曲线的联动。用这些动作来确认坐标的联动、直线插补、圆弧插补和过象限等是否满足技术要求。

对回转刀架分别进行顺时针和逆时针旋转找刀位的动作。如果是 12 个刀位，那么依次从 1 号刀位找到 12 号刀位，或者从 12 号刀位反方向找到 1 号刀位。然后，顺时针和逆时针跳 1 个刀位进行选刀动作，即 1、3、5、7、9、11 号刀位或者 11、9、7、5、3、1 号刀位。最后，再进行顺时针、逆时针的任意选刀动作。进行这些动作的同时还要注意刀盘的锁紧和放松动作。

当回转刀架进行找刀位动作时，需要用手动操纵按钮、开关和用 CNC 系统给定 T 指令进行控制两种方法分别进行。这时，回转刀架的电动机和机械传动机构、定位机构及锁紧机构等都应处于正常工作状态，不允许出现任何故障和异常现象。

对于 CNC 系统控制的沿 Z 坐标轴导轨移动的尾座和尾座中套筒顶尖的运动，先用手动开关、按钮操纵尾座运动，然后用脚踏开关操纵尾座中的套筒进行运动。注意，进行套筒运动时，应当是全行程、反复多次进行的动作。

在有些数控车床上，尾座在 Z 坐标轴上的运动是用手动来完成的，锁紧机构也是靠手动来完成的。此时，只需要进行脚踏操纵尾座套筒的全行程动作即可。

用手摇脉冲发生器放在第一处出现手摇脉冲发生器处，配合操作面板上的转换开关对 X 坐标轴、Z 坐标轴和 C 坐标轴进行连续或单步运行动作，再配合操作面板上的倍率转换开关对这 3 个坐标轴进行运行动作，此时不允许有失步和跳步现象。

用手动操纵各开关、按钮来对排屑装置或排屑器反复进行正反转、起动及停止试验，排屑器的动作应当平衡、灵活、可靠。如果发现传动链有触碰排屑器内壁，应当及时调整排屑链的合适位置，调整机构一般都设置在排屑出口的两侧。

如果数控车床是斜床身导轨（有的斜床身导轨斜角为 45°，有的斜床身导轨斜角为 30°），不管斜床身的导轨斜角是多少，X 坐标轴在斜床身上的横向运动在任意一点停止时都应该被锁定，不应出现下滑现象，特别是在断电情况下不应该出现下滑，这可以通过关断电源或按下急停按钮，再打开电源或抬起急停按钮来观察和检测 X 坐标轴伺服电动机的制动装置是否出现问题。

在上述数控车床空运转调试的工作中，除了进行温升调试，主轴转速和各坐标轴进给速度调试，以及数控车床主机各主要部分动作的调试以外，还需要做进一步的细化调试，包括程序动作调试、进给和插补动作调试、切削循环动作调试、补偿动作调试、超程保护调试、手动数据输入调试、坐标位置显示调试和回参考点调试等。图 7－13 为数控车床细化动作调试内容。当然，也可以根据数控车床的具体情况对调试内容进行增减。

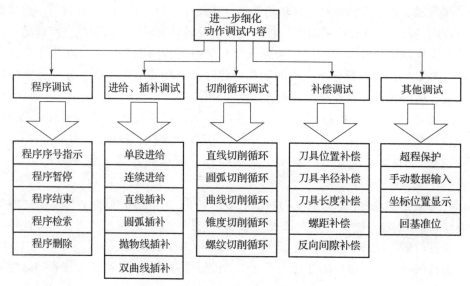

图 7 – 13　数控车床细化动作调试内容

图 7 – 13 中的螺距补偿指的是直线坐标滚珠丝杠副的螺距在某一点超出了定位精度所要求的范围，而通过 CNC 系统进行的螺距补偿。反向间隙补偿指的是各直线坐标滚珠丝杠副的反向间隙，另外还有根据齿轮的反向误差所规定的范围通过 CNC 系统进行反向间隙补偿。

（4）数控车床主传动系统空运转功率的调试。

在数控车床空运转调试中还应包括齿轮传动的主传动系统空运转的功率调试、单纯的齿形带传动的主传动系统空运转的功率调试及电主轴传动系统空运转的功率调试。例如，某台数控车床的主轴转速范围是（25～5 000）r/min，且能实现无级调速，它所要求的是主轴转速达到 5 000 r/min，即在 100% 转速时功率为 9 kW；而主轴转速在 2 000 r/min 时，即在主轴最高转速的 40% 时，功率为 14 kW。又如，某国产数控车床的轴转速范围是（25～5 000）r/min，能实现无级调速，它所要求的是在主轴转速达到 625 r/min 以上，即在主轴最高转速的 12.5% 以上时，功率恒定为 11 kW。因此，在调试数控车床主传动系统空运转功率时，要对照说明书中所提供的主轴转速和主轴功率之间的关系，并看实际功率参数是否与设计的功率参数相符合。

（5）数控车床整机连续空运转模拟切削的调试。

一般数控机床的生产厂商都会给用户提供一个具有数控机床全部功能，并模拟切削加工的数控机床整机空运转程序。作为用户，也可以根据自身的特殊情况和需要，要求厂商或自己编制一个数控车床的空运转模拟切削调试程序，对所购置的数控车床进行整机连续空运转模拟切削调试。

在我国标准《数控卧式车床技术条件》（JB/T 4368.3—1996）中规定，卧式数控车床整机连续模拟切削的时间为 48 h，模拟空运转程序的一次循环在 15 min 以内，每次重复循环程序的时间间隔不能大于 1 min。此外，数控车床在连续空运转模拟切削的 48h 中，不应出现任何故障。

对主轴转速从低到高、从高到低，各坐标的进给速度从低到高、从高到低，刀架的每个刀位换刀，尾座及尾座套筒的全行程动作，各坐标轴的全行程动作，排屑器的正转、反转、停止，切削液的开关及主轴卡盘的夹紧与放松等全部的调试和试验，都是数控车床调试过程中不可缺少的工作。

2）数控车床的负荷试验

数控车床的负荷试验是数控车床调试中的一项重要工作，实际上是检验所购置数控车床的加工能力是否满足用户所提出的数控车床应当承受动负荷方面的技术要求。

数控车床的最大切削抗力、切削时的抗振性和数控车床主传动系统的最大转矩、主传动系统的最大功率等，都是对数控车床进行负荷试验时的重要指标。

在进行最大切削抗力和主传动系统的最大转矩试验时，切削试件的材料选用 45 号中碳钢，刀具的材料、类型和切削用量及切削试件的尺寸等要参照厂商所提供说明书的规定进行。最大切削抗力按主分力和刀具角度来确定，主传动系统的最大转矩可用功率表、电流表、电压表及转速表进行测量。许多数控车床的操作面板上都装有电流表、电压表、转速表或功率表，在数控车床正常的加工中随时进行监控。还有些数控车床 CNC 系统中的自适应控制也具备了监控最大切削抗力和主传动系统的最大转矩的功能，如果在切削时超出了数控车床对抗力和转矩的要求，数控车床会通过报警对操作人员进行提示。

在进行数控车床的抗振性切削试验时，要按照《数控卧式车床技术条件》（JB/T 4368.3—1996）标准中规定的实验条件、刀具几何角度、刀具材料、试件材料、尺寸、切削用量等进行试验，且试验过程中不应发生颤振。

【任务实施】

按照如下步骤，完成数控车床的调试工作，并做好记录。

（1）数控机床调试前的检查工作。

①机床内部部件的紧固和外部连接电缆检查。

②机床数控系统性能的全面检查和确认。

③机床机械部分与辅助系统的检查。

④接通电源后进行强电柜电源、数控柜内电源、各熔断器、液压气动系统、CNC 系统通电的检查。

（2）数控机床的通电调试，手动方式检查各项基本运动功能。

（3）数控车床空运行功能检验与调试。

①手动功能检验与调试。

②控制功能检验与调试。

③温升检验与调试。

（4）数控车床的整机调试与负荷试验。

①数控车床的空运转调试。

②数控车床的负荷试验。

【任务拓展】

某工厂新购买一台数控铣床，配备 FANUC 0i – MD 数控系统，已吊装就位并完成了水平调整，现要求完成其调试工作。

相 关专业英语词汇

ambient temperature——环境温度

installation——安装

foundation——地基

hydraulic oil——液压油

air supply——气源

damping pad iron——减振垫铁

debugging——调试

frequency——频率

phase sequence——相序

interface——端口

backup——备份

项目八　数控机床精度检测与验收

数控机床的检测验收是复杂的工作，对试验检测手段及技术的要求也很高。它需要使用各种高精度仪器，对机床的机、电、液、气等各部分及整机进行综合性能及单项性能的检测，最后得出对该机床的综合评价，这项工作一般是由机床生产厂家完成的。对一般的数控机床用户，其验收工作主要是根据机床出厂检验合格证上规定的验收条件及实际能提供的检测手段来部分或全部地测定机床合格证上各项技术指标。本项目主要包括数控机床几何精度检验、数控机床位置精度检验、数控机床切削精度检验任务。通过完成上述工作任务，学生能够具备数控机床精度检验与验收的职业能力。

项 目要求

（1）了解数控机床精度检验的内容。

（2）掌握数控机床精度检验的方法。

（3）会查阅数控机床验收的相关标准。

（4）能够根据技术标准完成数控机床的精度检验工作。

项 目内容

任务1　数控机床几何精度检验

任务2　数控机床位置精度检验

任务3　数控机床切削精度检验

任务1　数控机床几何精度检验

【任务目标】

（1）掌握常用量具的使用方法。

（2）掌握数控机床几何精度检验的内容和方法。

（3）能正确使用几何精度检验的各种工量具。

（4）能够根据技术要求完成数控机床几何精度的检验。

【任务描述】

某工厂有一台数控车床，配备 FANUC 0i TD 数控系统，现要求根据该机床使用说明书和出厂合格证书，对该机床的几何精度进行检测验收。

【任务准备】

一、资料准备

本任务需要的资料如下：

（1）该数控车床的使用说明书；

（2）该数控车床的出厂合格证书。

二、工具准备

本任务需要的工具清单如表 8 - 1 所示。

表 8 - 1　项目八任务 1 需要的工具清单

清单	名称	规格	单位	数量
工具	平尺	400，1000，0 级	把	2
	检验棒	$\phi 80 \times 500$ mm	个	1
	莫氏锥度验棒	No5 × 300，No3 × 300	个	2
	顶尖	莫氏 5 号，莫氏 3 号	个	2
	杠杆式百分表	0 ~ 0.8 mm	个	1
	磁力表座	150	个	1
	水平仪	0.02/1 000 mm	个	2
	等高块	30 × 30 × 30	只	3

三、知识准备

1. 数控机床验收标准

1）通用类标准

通用类标准规定了数控机床调试验收的检验方法，测量工具的使用，相关公差的定义，机床设计、制造、验收的基本要求等。国家标准《数控车床和车削中心检验条件　第 1 部分：卧式机床几何精度检验》（GB/T 16462.1—2007）、《机床检验通则　第 2 部分：数控轴线的定位精度和重复定位精度的确定》（GB/T l7421.2—2000）、《机床检验通则　第 4 部分：数控机床的圆检验》（GB/T 17421.4—2003），这些标准等同于 ISO 230 相关标准。

2）产品类标准

产品类标准规定了具体形式的机床的几何精度和工作精度的检验方法，以及机床制造和调试验收的具体要求。我国的行业标准《加工中心　技术条件》（JB/T 8801—1998）、《加工

中心 检验条件 第 1 部分　卧式和带附加主轴头机床的几何精度检验（水平 Z 轴）》（JB/T 8771.1—1998）、《加工中心检验条件　第 6 部分：进给率、速度和插补精度检验》（GB/T 18400.6—2001）等。用户应根据机床的具体形式参照合同约定和相关的中外标准进行调试验收。

当然，在实际的验收过程中，也有许多的设备采购方按照德国或日本或 ISO 相关标准进行调试验收。不管采用什么样的标准，需要注意的是不同的标准对"精度"的定义差异很大，验收时一定要弄清各个标准精度指标的定义及计算方法。

2. 机床的精度检验

机床的加工精度是衡量机床性能的一项重要指标。影响机床加工精度的因素很多，有机床本身的精度，还有因机床及工艺系统变形、加工中产生振动、机床的磨损以及刀具磨损等因素。其中，机床本身的精度是影响加工精度的一个重要因素。例如，在数控车床上车削圆柱面，其圆柱度主要决定于工件旋转轴线的稳定性、车刀刀尖移动轨迹的直线度以及刀尖运动轨迹与工件旋转轴线之间的平行度，即主要决定于车床主轴与刀架的运动精度以及刀架运动轨迹相对于主轴的位置精度。

机床的精度包括几何精度、传动精度、定位精度以及工作精度等，不同类型的机床对这些方面的精度要求是一样的。下面主要介绍几何精度的检验。

几何精度检验，又称为静态精度检验，其检验结果综合反映机床关键零、部件经组装后的几何形状误差。机床的几何精度是指机床某些基础零件工作面的几何精度，是机床在不运动（如主轴不转，工作台不移动）或运动速度较低时的精度，它规定了决定加工精度的各主要零、部件间及这些零、部件的运动轨迹之间的相对位置允差。例如，床身导轨的直线度、工作台面的平面度、主轴的回转精度、刀架溜板移动方向与主轴轴线的平行度等。在机床上加工的工件表面形状，是由刀具和工件之间的相对运动轨迹决定的，而刀具和工件是由机床的执行件直接带动的，所以机床的几何精度是保证加工精度最基本的条件。

目前，检测机床几何精度的常用工具有精密水平仪、精密方箱、90°角尺、平尺、平行光管、千分表、测微仪、高精度检验棒等。检测工具的精度必须比所测的几何精度高一个等级，否则测量的结果是不可信的。每项几何精度的具体检测方法可照《金属切削机床精度检测通则》（JB 2670—1982）、《数控卧式车床精度》（JB 4369—1986）、《加工中心检验条件第 2 部分：立式加工中心几何精度检验》（JB/T 8771.2—2008）等有关标准的要求进行，亦可按机床出厂时的几何精度检测项目的要求进行。

机床几何精度的检测必须在机床精调后依次完成，不允许调整一项或检测一项，因为几何精度有些项目是相互关联的。

3. 几何精度检验内容

数控机床的几何精度综合反映了机床主要零、部件组装后线和面的形状误差、位置误差或位移误差。根据《数控车床和车削中心检验条件 第 1 部分：卧式机床几何精度检验》（GB/T 16462.1—2007）、《加工中心检验条件 第 2 部分：立式或带垂直主回转轴的万能主轴头机床几何精度检验（垂直 Z 轴）》（GB/T 18400.2—2010）等国家标准的规定，几何精度检验内容包括如下 5 个方面。

1）直线度

（1）一条线在一个平面或空间内的直线度，如数控卧式车床床身导轨的直线度。

（2）部件的直线度，如数控升降台、铣床工作台纵向基准 T 形槽的直线度。

（3）运动的直线度，如立式加工中心 X 轴轴线运动的直线度。

长度测量方法：平尺和指示器法、钢丝和显微镜法、准直望远镜法和激光干涉仪法。

角度测量方法：精密水平仪法、自准直仪法和激光干涉仪法。

2）平面度

平面度有立式加工中心工作台面的平面度。

测量方法：平板法、平板和指示器法、平尺法、精密水平仪法和光学法。

3）平行度、等距度、重合度

线和面的平行度，如数控卧式车床顶尖轴线对主刀架溜板移动的平行度；运动的平行度，如立式加工中心工作台面和 X 轴轴线间的平行度。

等距度，如立式加工中心定位孔与工作台回转轴线的等距度。

同轴度或重合度，如数控卧式车床工具孔轴线与主轴轴线的重合度。

测量方法：平尺和指示器法、精密水平仪法、指示器和检验棒法。

4）垂直度

直线和平面的垂直度，如立式加工中心主轴轴线和 X 轴轴线运动间的垂直度；运动的垂直度，如立式加工中心 Z 轴轴线和 X 轴轴线运动间的垂直度。

测量方法：平尺和指示器法、角尺和指示器法、光学法（如自准直仪、光学角尺、激光干涉仪等）。

5）旋转

径向跳动，如数控卧式车床主轴轴端的卡盘定位锥面的径向圆跳动，或主轴定位孔的径向圆跳动；周期性轴向窜动，如数控卧式车床主轴的周期性轴向窜动；端面圆跳动，如数控卧式车床主轴的卡盘定位端面的跳动。

测量方法：指示器法、检验棒和指示器法、钢球和指示器法。

4. 精度检验前的准备工作

数控机床完成就位和安装后，在进行几何精度检验前，通常要先用水平仪进行安装水平的调整，其目的是取得机床的静态稳定性，这是机床的几何精度检验和工作精度检验的前提条件，但不作为交工验收的正式项目，即若是几何精度和工作精度检验合格，则安装水平是否在允许范围不必进行校验。机床的安装水平的调平应该符合以下要求。

（1）机床应以床身导轨作为安装水平的检验基础，并用水平仪和桥板或专用检具在床身导轨两端、接缝处和立柱连接处按导轨纵向和横向进行测量。

（2）应将水平仪按床身的纵向和横向，放在工作台或溜板上，并移动工作台或溜板在规定的位置进行测量。

（3）应以机床的工作台或溜板为安装水平检验的基础，并用水平仪按机床纵向和横向放置在工作台或溜板上进行测量，但工作台或溜板不应移动位置。

（4）应用水平仪按床身导轨纵向进行等距离移动测量，并将水平仪读数依次排列在坐标纸上，画出垂直平面内直线度偏差曲线，以偏差曲线两端点连线的斜率作为该机床的纵向安装水平。横向水平以水平仪的读数值为准。

（5）应以水平仪在设备技术文件规定的位置上进行测量。

5. 几何精度检验项目及检验方法

几何精度检验项目：床身纵向导轨在垂直平面内的直线度和横向床身导轨的平行度、坐标轴移动在主平面内的直线度、主轴轴线（对溜板移动）的平行度和刀架横向移动对主轴轴线的垂直度。其余检验项目用户可根据需要，有侧重地进行检验。

下面简单介绍一下比较重要的检验项目。

1）纵向与横向导轨精度检验

（1）床身纵向导轨在垂直平面内的直线度。

检验工具：精密水平仪。

检验方法：如图8-1所示，在溜板上靠近前导轨处，纵向放置一水平仪，等距离（近似等于规定局部误差的测量长度）移动溜板，在全部测量长度上检验，将水平仪的读数依次排列，画出导轨直线误差曲线，曲线相对其两端点连线的最大坐标差值即为导轨全长的直线度误差，曲线上任意局部测量长度的两端点相对曲线两端点连线的坐标差值，即为导轨的局部误差。

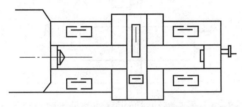

图8-1 床身纵向导轨在垂直平面内的直线度检验示意

（2）横向床身导轨的平行度。

检验工具：精密水平仪。

检验方法：如图8-2所示，将水平仪按机床横向放置在溜板上，等距离移动溜板进行检验，记录水平仪读数，水平仪读数的最大代数差值即为床身导轨的平行度误差。

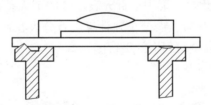

图8-2 床身导轨两工作面之间的平行度检验示意

2）坐标轴移动在主平面内的直线度检验

检验工具：百分表、检验棒、平尺。

检验方法：如图8-3所示，将百分表固定在溜板上，使其测头触及主轴和尾座顶尖的检验棒表面，调整尾座使百分表在检验棒两端的读数相等。移动溜板在全部行程上检验，百分表读数的最大代数差值即为直线度误差（尽可能在两顶尖间轴线和刀尖所确定的平面内检验）。

3）尾座移动对溜板移动的平行度检验

检验工具：百分表。

检验方法：如图8-4所示，将百分表固定在溜板上，使其测头分别触及近尾座端的套

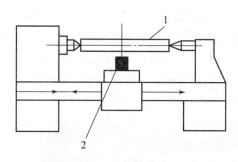

1—检验棒；2—带表座百分表。

图 8 – 3 坐标轴移动在主平面内的直线度检验示意

筒表面，垂直平面内尾座移动对溜扳移动的平行度是垂直平面内的误差。水平面内尾座移动对溜板移动的平行度是水平面内的误差。

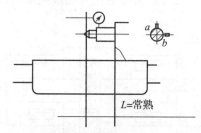

$L=$常熟

图 8 – 4 尾座移动对溜板移动的平行度检验示意

将尾座套筒伸出后，接正常工作状态锁紧，同时使尾座尽可能地靠近溜板，把安装在溜板上的第二个百分表相对于是座套筒的端面调整为零；溜板移动时也要手动移动尾座，直至第二个百分表的读数为零，使尾座与溜板相对距离保持不变。按此法使溜板和尾座全行程移动，只要第二个百分表的读数始终为零，则第一个百分表平行度误差。或沿行程在每隔 300 mm 记录第一个百分表的读数，第一个百分表读数的最大差值即为平行度误差。第一个百分表分别在图中 a、b 位置测量，误差单独计算，百分表在任意 500 mm 行程上和全行程上的最大差值就是局部长度和全行程上的平行度误差。

4）主轴轴肩支撑面的跳动检验

检验工具：百分表、专用装置。

检验方法：如图 8 – 5 所示，用专用装置在主轴线上加力 F（F 的值为消除轴向间隙的最小值，100 N），把百分表安装在机床固定部件上，然后使百分表测头沿主轴轴线分别触及专用装置的钢球和主轴轴肩支撑面。a 球固定在主轴端部的检验棒中心孔内的钢球上，b 球固定在主轴轴肩支撑面上。低速旋转主轴，百分表读数最大差值即为主轴的轴向窜动误差和主轴轴肩支撑面的跳动误差。

5）主轴定位孔的径向圆跳动检验

检验工具：百分表。

检验方法：如图 8 – 6 所示，固定百分表，使其测头触及主轴定位孔表面。旋转主轴进行检验，误差以百分表读数的最大差值计。注意：本检验只适用于主轴有定位孔的机床。

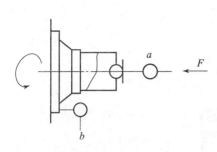

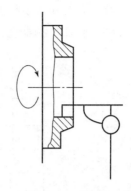

图 8 – 5　主轴轴肩支撑面的跳动检验示意　　　图 8 – 6　主轴定位孔的径向圆跳动检验示意

6）主轴定心轴颈的径向跳动检验

检验工具：百分表。

检验方法：如图 8 – 7 所示，将百分表安装在机床固定部件上，使百分表测头垂直触及主轴定心轴颈，沿主轴轴线施加力 $F(F = 100 \text{ N})$；旋转主轴，百分表读数的最大差值即为主轴定心轴颈的径向圆跳动误差。

7）主轴锥孔轴线的径向圆跳动检验

检验工具：百分表、检验棒。

检验方法：如图 8 – 8 所示，将检验棒插在主轴锥孔内，将百分表安装在机床固定部件上，使百分表测头垂直触及被测表面，旋转主轴，记录百分表的最大读数差值，需要在 a、b 处分别测量，a 靠近主轴端面，b 距 a 点 300 mm。标记检验棒与主轴的圆周方向的相对位置后，取下检验棒，按相同方向分别旋转检验棒 90°、180°、270° 后重新插入主轴锥孔，并在每个位置分别检测。取 4 次检测的平均值即为主轴锥孔轴线的径向圆跳动误差。

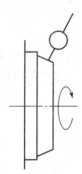

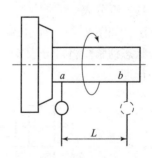

图 8 – 7　主轴定心轴颈的径向圆跳动检验示意　　　图 8 – 8　主轴锥孔轴线的径向圆跳动检验示意

8）主轴轴线（对溜板移动）的平行度检验

检验工具：百分表、检验棒。

检验方法：如图 8 – 9 所示，将检验棒插在主轴锥孔内，把百分表安装在溜板（或刀架）上，接下来分别检验垂直平面和水平平面的平行度。

（1）使百分表测头在垂直平面内垂直触及被测表面（检验棒），移动溜板，记录百分表的最大读数差值及方向；旋转主轴 180°，重复测量一次，取两次读数的算术平均值作为在垂直平面内主轴轴线对溜板移动的平行度误差。

（2）使百分表测头在水平平面内垂直触及被测表面（检验棒），按（1）的方法重复测量一次，即得水平平面内主轴轴线对溜板移动的平行度误差，误差以百分表两次读数的平均值计。

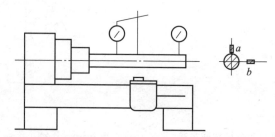

图 8 - 9 主轴轴线（对溜板移动）的平行度检验示意

9）主轴顶尖的跳动检验

检验工具：百分表和专用顶尖。

检验方法：如图 8 - 10 所示. 将专用顶尖插入主轴锥孔内，把百分表安装在机床固定部件上，使百分表测头垂直触及顶尖锥面。沿主轴轴线施加力 F（$F = 100$ N），旋转主轴进行检验，误差以百分表读数除以 $\cos a$（a 为锥体半角）为准。

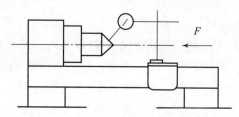

图 8 - 10   主轴顶尖的跳动检验示意

10）尾座套筒轴线对溜板移动的平行度检验

检验工具：百分表。

检验方法：如图 8 - 11 所示，将尾座套筒伸出有效长度（最大工作长度的一半）后，按正常工作状态锁紧。将百分表安装在溜板（或刀架）上，接下来分别检验垂直平面和水平平面的平行度。

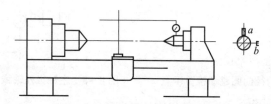

图 8 - 11   尾座套筒轴线对溜板移动的平行度检验示意

（1）使百分表测头在垂直平面内垂直触及被测表面（尾座筒套），移动溜板，记录百分表的最大读数差值及方向，即得在垂直平面内尾座套筒轴线对溜板移动的平行度误差。

（2）使百分表测头在水平平面内垂直触及被测表面（尾座套筒），按上述方法重复测量一次，即得在水平平面内尾座套筒轴线对溜板移动的平行度误差。a 在垂直平面内，b 在水平面内，a、b 误差分别计算，误差以百分表读数最大值为准。

11）尾座套筒锥孔轴线对溜板移动的平行度检验

检验工具：百分表、检验棒。

检验方法：如图 8-12 所示，尾座套筒伸出并按正常工作状态锁紧。将检验棒插在尾座套筒锥孔内，百分表安装在溜板（或刀架）上，接下来分别检验垂直平面和水平平面的平行度。

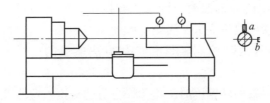

图 8-12　尾座套筒锥孔轴线对溜板移动的平行度检验示意

（1）使百分表测头在垂直平面内垂直触及被测表面（尾座套筒），移动溜板，记录百分表的最大读数差值及方向；取下检验棒并旋转 180°后重新插入尾座套孔，重复测量一次，取两次读数的算术平均值作为在垂直平面内尾座套筒锥孔轴线对溜板移动的平行度误差。

（2）使百分表测头在水平平面内垂直触及被测表面，按上述方法重复测量一次，即得在水平平面内尾座套筒锥孔轴线对溜板移动的平行度误差。a、b 误差分别计算，误差以百分表两次测量结果的平均值为准。

12）床头主轴和尾座两顶尖的等高度检验

检验工具：百分表、检验棒

检验方法：如图 8-13 所示，将检验棒装在主轴和尾座两顶尖上，把百分表固定在溜板（或刀架）上，使百分表测头在垂直平面内垂直触及被测表面（检验棒），然后移动溜板至行程两端极限位置上进行检验，移动小拖板（X 轴），记录百分表在行程两端的最大读数值的差值，即为床头主轴和尾座两顶尖的等高度（测量时注意方向）。

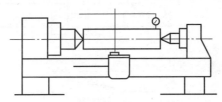

图 8-13　床头主轴和尾座两顶尖的等高度检验示意

当车床两顶尖距离小于 500 mm 时，尾座应紧固在床身导轨的末端；当车床两顶尖距离大于 500 mm 时，尾座应紧固在两顶尖距离的 1/2 处。检验时，尾座套筒应退入尾座腔内，并锁紧。

13）刀架横向移动对主轴轴线的垂直度检验

检验工具：百分表、平圆盘、平尺。

检验方法：如图 8-14 所示，将平圆盘（直径为 300 mm）安装在主轴锥孔内，百分表安装在横滑板上，使百分表测头在水平平面内垂直触及被测表面（平圆盘），再沿 X 轴方向移动刀架，记录百分表的最大读数差值及方向；将圆盘旋转 180°，重新测量一次，取两次读数的算术平均值作为刀架横向移动对主轴轴线的垂直度误差。

6. 几何精度检测注意事项

（1）检测中应注意某些几何精度要求是互相牵连和影响的。

例如，当主轴轴线与尾座轴线同轴度误差较大时，可以通过适当调整车床床身的地脚垫铁来减少误差，但这一调整同样又会引起导轨平行度误差的改变。因此，数控车床的各项几何精度检测应在一次检测中完成，否则会顾此失彼。

（2）检测中还应注意消除检测工具和检测方法造成的误差。

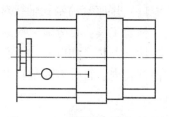

图 8-14　刀架横向移动对主轴轴线的垂直度检验示意

例如，当检测车床主轴回转精度时，检验棒自身的振摆、弯曲等造成的误差；当在表架上安装千分表和测微仪时，由于表架的刚度不足而造成的误差；当在卧式车床上使用回转测微仪时，由于重力影响，造成测头抬头位置和低头位置的测量数据误差等。

【任务实施】

完成数控车床几何精度的检验，并整理记录实验数据，填写表 8-2。

表 8-2　数控车床几何精度检验记录表

序号	检验内容	检验方法示意	允许误差/mm	实测误差/mm
1	床身导轨调水平	纵向导轨在垂直平面内的直线度	0.020（凸）局部公差：在任意 250 长度上测量为 0.075	
		横向导轨的平行度	0.04/1 000	
2	溜板移动在水平面内的直线度		0.02	

序号	检验内容	检验方法示意	允许误差/mm	实测误差/mm
3	尾座移动对溜板移动的平行度： a：在垂直平面内 b：在水平面内	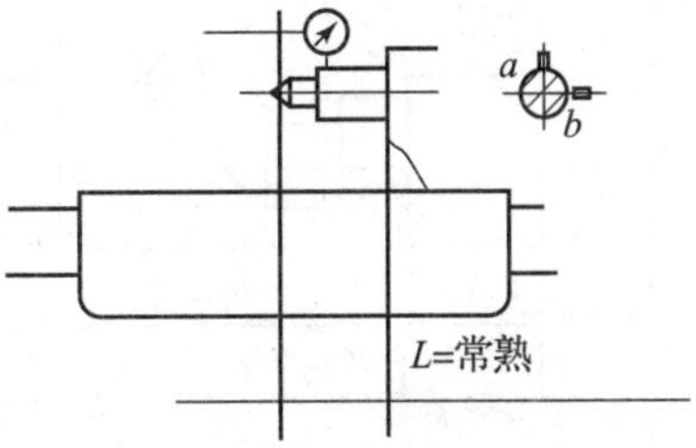 L=常熟	0.03 局部公差：在任意 500 测量长度上为 0.02	
4	a：主轴的轴向窜动 b：主轴轴肩支承面的跳动	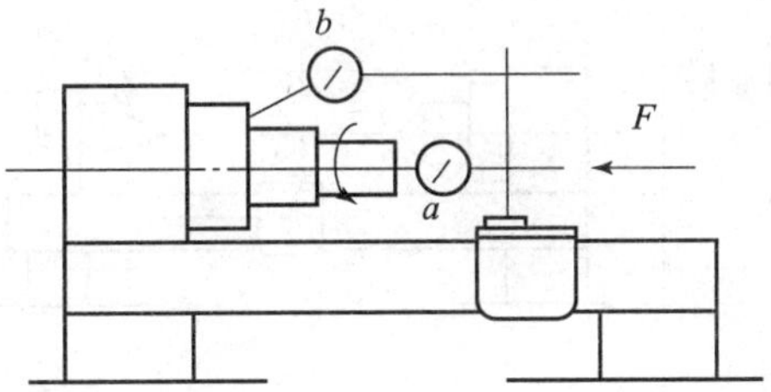	a：0.01 b：0.02 （包括轴向窜动）	
5	主轴定心轴颈的径向跳动	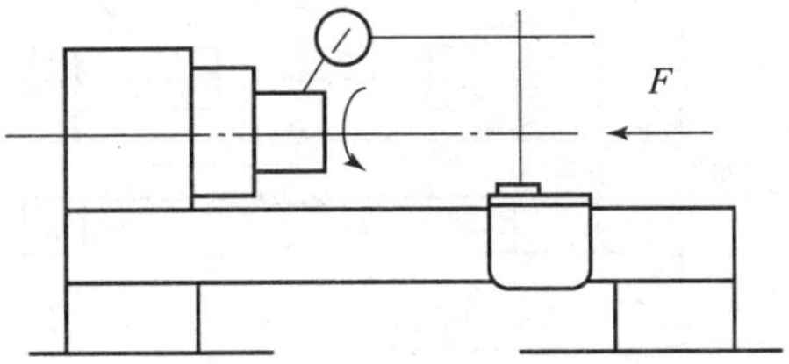	0.01	
6	主轴锥孔轴线的径向跳动 a：靠近主轴端面 b：距离主轴端面300 mm 处	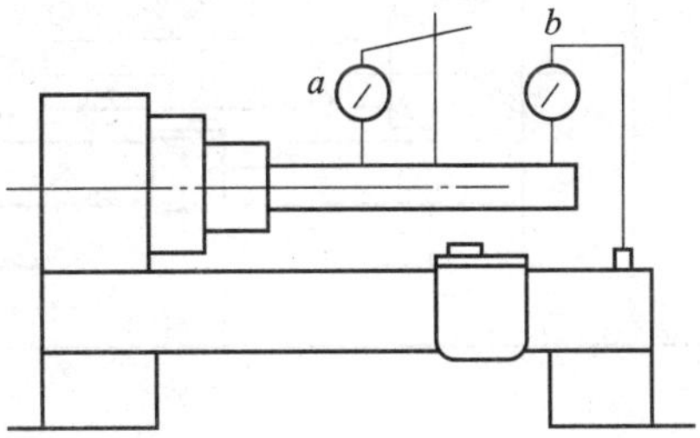	a：0.01 b：0.02	
7	主轴轴线对溜板移动的平行度 a：在垂直平面内 b：在水平内（测量长度为 200 mm）	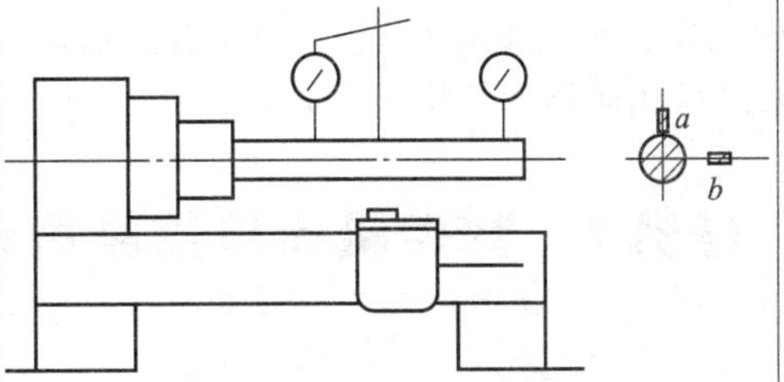	a：在 300 测量长度上为 0.02（只许向上偏） b：0.015（只许向上偏）	

序号	检验内容	检验方法示意	允许误差 /mm	实测误差 /mm
8	顶尖的跳动	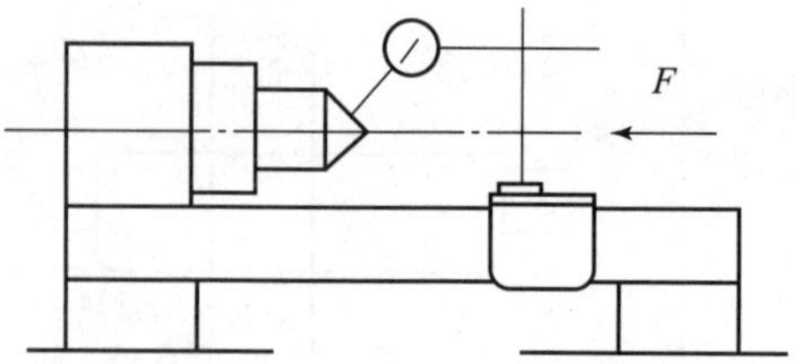	0.015	
9	尾座套筒轴线对溜板移动的平行度 a：在垂直平面内 b：在水平面内	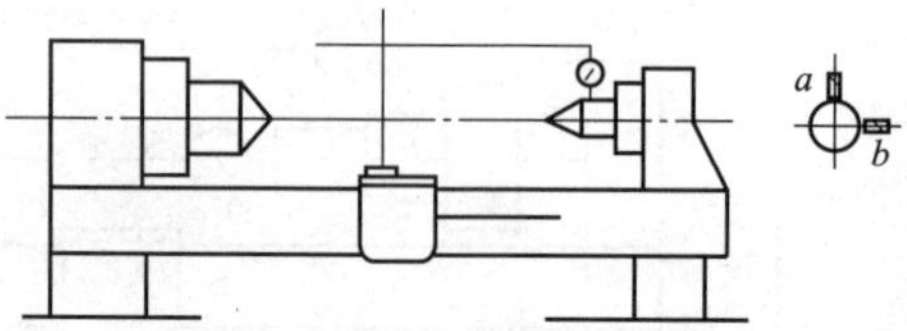	a：在 100 测量长度上为 0.015（只许向上偏） b：在 100 测量长度上为 0.01（只许向前偏）	
10	尾座套筒锥孔轴线对溜板移动的平行度 a：在垂直平面内 b：在水平面内（测量长度为 200 mm）	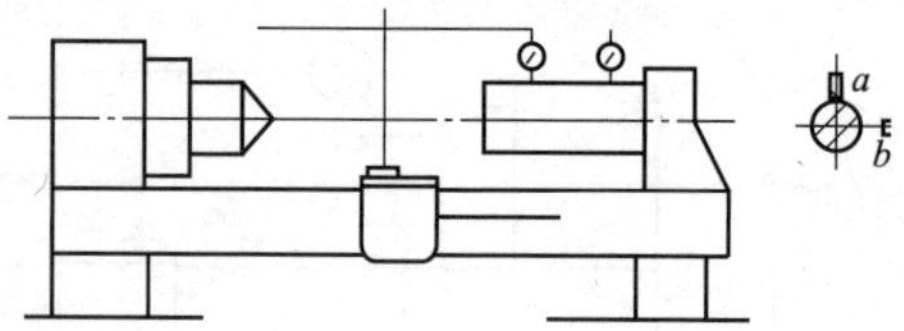	a：在 300 测量长度上为 0.03（只许向上偏） b：0.03（只许向前偏）	
11	主轴和尾座两顶尖的等高	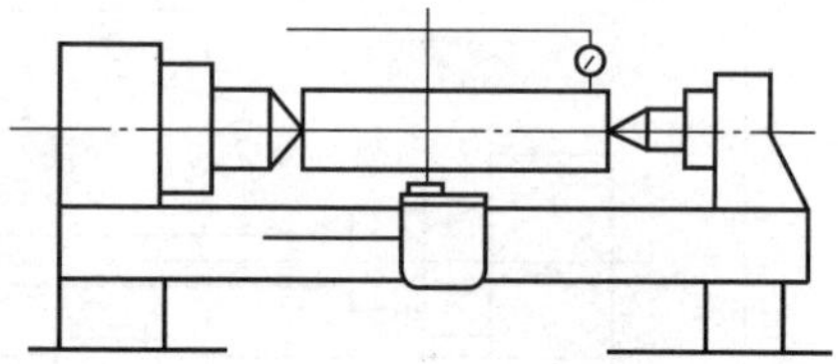	0.02（只许尾座高）	

【任务拓展】

　　某工厂有一台数控铣床，配备 FANUC 0i－MD 数控系统，根据该机床使用说明书和出厂合格证书，对该机床进行几何精度的检测验收。

任务2　数控机床位置精度检验

【任务目标】

　　（1）掌握位置精度检验常用工量具的使用方法。

（2）掌握数控车床位置精度的检验方法。

（3）能正确使用位置精度检验的各种工量具。

（4）能够根据技术要求完成数控车床位置精度的检验。

【任务描述】

某工厂有一台数控车床，配备 FANUC 0i – TD 数控系统，现要求根据该机床使用说明书和出厂合格证书，对该机床的位置精度进行检测验收。

【任务准备】

一、资料准备

本任务需要的资料如下：

（1）该数控车床的使用说明书；

（2）该数控车床的出厂合格证书。

二、工具准备

本任务需要的工具清单如表8 – 3 所示。

表8 – 3 项目八任务2需要的工具清单

类型	名称	规格	单位	数量
工具	激光干涉仪	± 0.5 ppm（0 ~ 40 ℃）	套	1
	步距规	1 级 450 mm	个	1
	杠杆式百分表	0 ~ 0.8 mm	个	1
	磁力表座	150	个	1

三、知识准备

1. 位置精度概述

数控机床的位置精度是指机床各坐标轴在数控系统控制下运动时，各轴所能达到的位置精度（运动精度）。根据一台数控车床实测的定位精度数值，可以判断出加工工件在该车床上所能达到的最高加工精度。

位置精度主要检验内容：直线运动定位精度，直线运动重复定位精度，直线运动轴机械原点返回精度，直线运动矢动量。下面分别加以介绍。

1）直线运动定位精度

直线运动定位精度是指数控机床的移动部件沿某一坐标轴运动时实际值与给定值的接近程度，其误差称为直线运动定位误差。影响该误差的因素包括伺服、检测、进给等系统的误差，还包括移动部件导轨的几何误差等。直线运动定位误差将直接影响零件的加工精度。

2）直线运动重复定位精度

直线运动重复定位精度是反映坐标轴运动稳定性的基本指标，而车床运动稳定性决定了加工零件质量的稳定性和误差的一致性。

3）直线运动轴机械原点的返回精度

数控机床每个坐标轴都有精确的定位起点，即坐标轴的原点或参考点，它与程序编制中使用的工件坐标系、夹具安装基准有直接关系。

4）直线运动矢动量

坐标轴直线运动矢动量又称为直线运动反向误差，是进给轴传动链上驱动元件的反向死区以及机械传动副的反向间隙和弹性变形等误差的综合反映。该误差越大，定位精度和重复定位精度就越差，如果矢动量在全行程上分布均匀，可通过数控系统的反向间隙补偿功能予以补偿。

2. 精度检验

定位精度和重复定位精度的检验仪器有激光干涉仪、线纹尺、步距规等。其中，步距规因其操作简单而广泛采用于批量生产中。

1）定位精度的检验

按标准规定，对数控车床的直线运动定位精度的检验应用激光检验，如图 8 - 15 所示。当条件不具备时，也可用标准长度刻线尺配以光学显微镜进行比较检验，如图 8 - 16 所示，这种方法的检验精度与检验技巧有关，一般可控制在（0.004 ~ 0.005）/1 000 mm。而激光检验的精度比标准长度刻线尺检验精度高一倍。

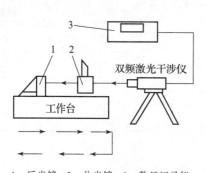

1—反光镜；2—分光镜；3—数显记录仪。

图 8 - 15　激光检验

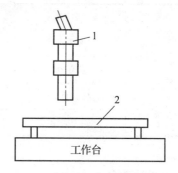

1—测量显微镜；2—标准长度刻度尺。

图 8 - 16　标准长度刻线尺比较检验

为反映多次定位的全部误差，ISO 标准规定每一个定位点按 5 次测量数据计算出平均值和离散差 $\pm 3\sigma$，画出其定位精度曲线。定位精度曲线还与环境温度和轴的工作状态有关，如数控车床丝杠的热伸长为（0.01 ~ 0.02）mm/1 000 mm，而经济型的数控车床一般不能补偿滚珠丝杠热伸长，此时可采用预拉伸丝杠的方法来减少其影响。

2）重复定位精度的检验

重复定位精度是反映直线轴运动精度稳定与否的基本指标，其所用检验仪器与检验定位精度相同，通常的检验方法是在靠近各坐标行程的两端和中点这三个位置进行测量，每个位置均用快速移动定位，在相同条件下重复 7 次，测出每个位置处每次停止时的数值，并求出 3 个位置中最大读数差值的 1/2，附上 ± 号，作为该坐标的重复定位精度。

3）机械原点复位精度的检验

原点复位即常称的"回零"，其精度实质上是指坐标轴上一个特殊点的重复定位精度，故其检验方法与检验重复定位精度基本相同，只不过将检验重复定位精度 3 个位置改为终点位置即可。

4）直线运动矢动量的检验

直线运动矢动量的检验常采用表测法，其步骤如下：

（1）预先将工作台（或刀架）向正向或负向移动一段距离，并以停止后的位置为基准（百分表调零）；

（2）再在前述位移的相同方向给定一位移指令值，以排除随机反向误差的影响；

（3）往前述位移的相反方向移动同一给定位移指令值后停止，用百分表测量该停止位置与基准位置之差；

（4）在靠近行程的两端及中点这 3 个位置上，分别重复上述过程进行多次（通常为 7 次）测定，求出在各个位置上的测量平均值，以所得平均值中的最大值作为其反向误差值。

3. 利用激光干涉仪进行位置精度检验

检验步骤如下：

（1）首先对整个机床的水平进行调平，然后启动机床进行 15 min 的空运转，接下来使 X 轴、Y 轴、Z 轴回零；

（2）完成激光干涉仪的安装与布置，如图 8 – 17 所示；

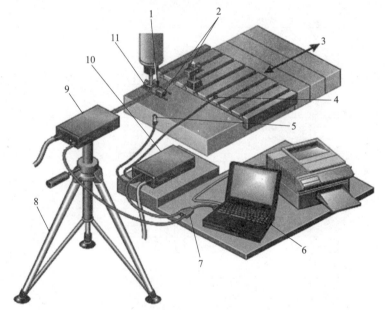

1—线性干涉镜；2—线性反射镜；3—移动方向；4—材料、温度传感器；5—气温传感器；6—计算机带补偿软件；
7—接口卡；8—三脚架；9—激光器；10—补偿装置；11—镜组安装组件。

图 8 – 17　激光干涉仪安装连接示意

（3）开启激光干涉仪的激光电源，使激光预热大约 15 ~ 20 min，等激光指示灯变为绿色后，表明激光已稳定；

（4）进行光学镜的安装；

（5）进行激光器、干涉镜及反射镜的调整；

（6）根据测量要求，设定目标值，目标值的设定应尽可能覆盖整个行程范围；

（7）按目标值设定要求编制数控测量程序，进行数据采集，采集数据设定如图8-18所示；

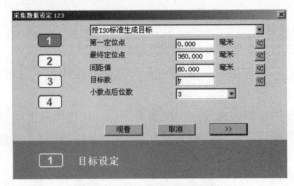

图8-18 采集数据设定

（8）数据分析。

【任务实施】

完成数控车床位置精度的检验，并整理记录实验数据，填写表8-4。

表8-4 数控车床位置精度检验记录表

序号	检验内容	检验方法		允许误差 /mm	实测误差 /mm
1	刀架回转的重复定位精度			0.01	
2	重复定位精度	Z轴		0.015	
		X轴		0.01	
3	定位精度	Z轴		0.045	
		X轴		0.04	

【任务拓展】

某工厂有一台数控铣床，配备 FANUC 0i MD 数控系统，根据该机床使用说明书和出厂合格证书，对该机床进行位置精度的检测验收。

任务3　数控机床切削精度检验

【任务目标】

（1）掌握数控车床切削精度的检验内容。

（2）掌握数控车床切削精度的检验方法。

（3）能够正确使用切削精度检验的各种工具。

（4）能够根据技术要求完成数控车床切削精度的检验。

【任务描述】

某工厂有一台数控车床，配备 FANUC 0i – TD 数控系统，现要求根据该机床使用说明书和出厂合格证书，对该机床的切削精度进行检测验收。

【任务准备】

一、资料准备

本任务需要的资料如下：

（1）该数控车床的使用说明书；

（2）该数控车床的出厂合格证书。

二、工具准备

本任务需要的工具清单如表 8 – 5 所示。

表 8 – 5　项目八任务 3 需要的工具清单

类型	名称	规格	单位	数量
工具	刀具	根据实际情况选用	套	1
	各类量具	—	—	—
	试件	车削试件	个	1

三、知识准备

1. 数控机床切削精度检验概述

数控机床切削精度检验又称为动态精度检验，是在切削加工条件下，对机床几何精度和定位精度的综合考核。切削精度受机床几何精度、刚度、温度等影响，不同类型机床的精度检验方法也不同。进行切削精度检查的加工，可以是单项加工，也可以是综合加工一个标准试件，目前以单项加工为主。

2. 数控车床单项加工精度检验

机床质量好坏的最终考核标准依据的是该机床加工零件的质量，即可通过一个综合试件的加工质量来进行切削精度评价。在切削试件时，可参照《金属切削机床精度检验通用》(JB 2670—1982) 中的有关规定进行，或按机床所附有关技术资料的规定进行。对于数控卧式车床，单项加工精度有外圆车削、端面车削和螺纹切削，分别介绍如下。

1）外圆车削

精车钢试件的三段外圆，车削后，检验外圆圆度及直径的一致性。

（1）外圆圆度检验：误差为试件近主轴端的一段外圆上，同一横剖面内最大与最小半径之差。

（2）直径一致性检验：误差为通过中心的同一纵向剖面内，三段外圆的最大直径差。

外圆车削试件如图 8-19 所示，其材料为 45 号钢，切削速度为 100 ~ 150 m/min，背吃刀量为 0.1 ~ 0.15 mm，进给速度不大于 0.1 mm/r，刀片材料为 YW3 涂层刀具。试件长度取床身上最大车削直径的 1/2 或 1/3，最长为 500 mm，直径不小于长度的 1/4。精车后圆度小于 0.007 mm，直径的一致性在 200 mm 测量长度上小于 0.03 mm，此时机床加工直径不大于 800 mm。

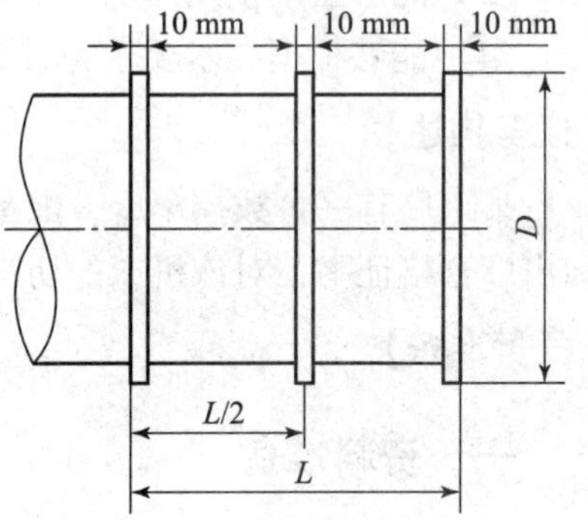

2）端面车削

精车铸铁盘形试件端面，车削后检验端面的平面度。精车端面的试件如图 8-20 所示。试件材料为灰铸

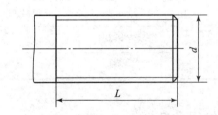

图 8-19 外圆车削试件

铁，切削速度为 100 m/min，背吃刀量为 0.1 ~ 0.15 mm，进给速度不大于 0.1 mm/r，刀片材料为 YW3 涂层刀具，试件最小外圆直径为最大加工直径的 1/2。精车后检验其平面度，200 mm 直径上平面度不大于 0.02 mm，且只允许出现中间凹的误差。

3）螺纹切削

用 60° 螺纹车刀，精车 45 号钢类试件的外圆柱螺纹。螺纹切削试件如图 8-21 所示。

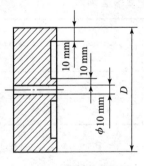

图 8-20 端面车削试件

图 8-21 螺纹切削试件

螺纹长度应不小于工件直径的 2 倍，且不得小于 75 mm，一般取 80 mm。螺纹直径接近 Z 轴丝杠的直径，螺距不超过 Z 轴丝杠螺距的 1/2，可以使用顶尖。精车 60° 螺纹后，在任意 60 mm 测量长度上螺距累积误差的允许误差为 0.02 mm。

3. 数控车床综合切削精度检验

综合车削试件如图 8-22 所示，其材料为 45 号钢，有轴类和盘类零件，加工内容包括台阶圆锥、凸球、凹球、倒角及割槽等，检验项目有圆度、直径尺寸精度及长度尺寸精度等。

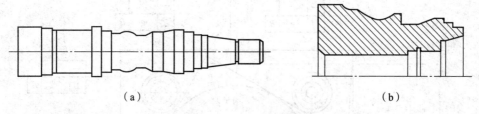

图 8 – 22　综合车削试件

（a）轴类零件；（b）盘类零件

4. 数控铣床切削精度检验

对于立式数控铣床和加工中心，当进行切削精度检测时，可以是单项加工，也可以是综合加工一个标准试件。当进行单项加工时，主要检测的单项精度如下：

（1）镗孔精度；

（2）端面铣刀铣削平面的精度（$X-Y$平面）；

（3）镗孔的孔距精度和孔径分散度；

（4）直线铣削精度；

（5）斜线铣削精度；

（6）同弧铣削精度。

对于卧式机床，还需要检测箱体掉头镗孔同心度和水平转台回转90°铣四方加工精度。

对于特殊的机床，还要做单位时间内金属切削量的试验等。切削加工试验材料除特殊要求之外，一般都用1级铸铁，并使用硬质合金刀具，按标准的切削用量切削。

此外，也可以综合加工一个标准试件来评定机床的切削精度，综合铣削标准试件如图 8 – 23 所示。

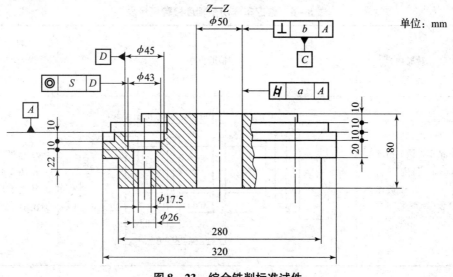

图 8 – 23　综合铣削标准试件

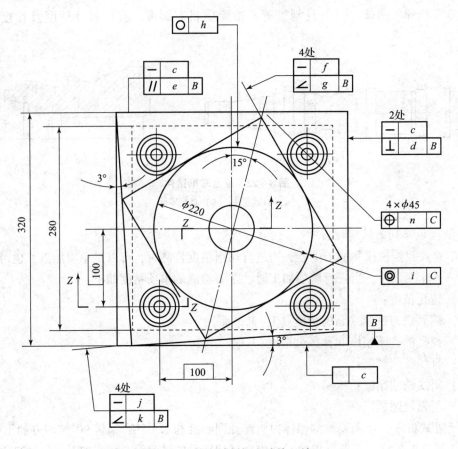

图 8-23 综合铣削标准试件（续）

【任务实施】

进行数控车床切削精度的检验，并整理记录实验数据，填写表 8-6。

表 8-6 数控车床切削精度检验记录表

序号	检验内容	检验方法	允许误差/mm	实测误差/mm
1	精车外圆的精度： a：圆度 b：在纵截面内直径一致性	100 mm 100 mm 70 mm 20 mm 20 mm 20 mm 200 mm	a：0.005 b：在 200 测量长度上为 0.03	

【任务拓展】

　　某工厂有一台数控铣床，配备 FANUC 0i – MD 数控系统，根据该机床使用说明书和出厂合格证书，对该机床进行切削精度的检测验收。

相 关专业英语词汇

　　workplace——车间

　　pre – acceptance——预验收

　　final acceptance——最终验收

　　packing list——装箱单

　　vibration——振动

　　warning——警告

　　chuck——卡盘

　　interference——干涉

　　positioning accuracy——定位精度

　　cutting accuracy——切削精度

　　precision acceptance——精度验收

　　dynamic error——动态误差

　　maintenance——维护

附　　录

附录1：《数控机床装调维修工》职业标准（节选）

一、职业概况

1. 职业名称

数控机床装调维修工。

2. 职业定义

使用相关工具、工装、仪器，对数控机床进行装配、调试和维修的人员。

3. 职业等级

高级（国家职业资格三级）。

4. 职业环境

常温、室内。

5. 职业能力特征

具有较强的学习、理解、表达、计算能力；具有较强的空间感、形体知觉、听觉和色觉，具备手指、手臂灵活和形体动作协调性；具有独立作业和多人共同作业，协调配合能力。

6. 基本文化程度

高中毕业或同等学力。

7. 鉴定要求

1）适用对象

从事或准备从事本职业的人员。

2）申报条件

凡申报本职业的人员必须具有电工上岗资格，且满足以下条件之一。

（1）取得本职业中级执业资格证书后，连续从事本职业工作3年以上，经本职业高级正规培训达规定标准学时数，并取得结业证书。

（2）取得本职业中级执业资格证书后，连续从事本职业工作5年以上。

（3）取得高级技工学校或经劳动保障行政部门审核认定的，以高级技能为培养目标的高等职业学校本职业（专业）毕业证书。

（4）取得本职业中级执业资格证书的大专以上本专业或相关专业的毕业生，连续从事本职业工作2年以上。

3）鉴定方式

分为理论知识考试和技能操作考核两部分。理论知识考试采用闭卷笔试方式，技能操作考核采用实际操作方式。理论知识考试和操作技能考核成绩均实行百分制，成绩皆达到60分及以上者为合格。

4）鉴定时间

理论知识考试时间不少于120分钟；技能操作考核时间不少于240分钟。

二、基本要求

1. 职业道德

（1）职业道德基本知识。

（2）职业守则。

①遵守法律、法规和有关规定。

②爱岗敬业、具有高度的责任心。

③严格执行工作程序、工作规范、工艺文件和安全操作规程。

④工作认真负责，团结合作。

⑤爱护设备及工、夹、刀、量具。

⑥着装整洁，符合规定；保持工作环境清洁有序，文明生产。

2. 基础知识

1）基础理论知识

（1）机械识图知识。

（2）电气识图知识。

（3）公差配合与形位公差。

（4）金属材料及热处理基础知识。

（5）机床电气基础知识。

（6）金属切削刀具基础知识。

（7）液压与气动基础知识。

（8）测量与误差分析基础知识。

（9）计算机基础知识。

2）机械装调基础知识

（1）钳工操作基础知识。

（2）数控机床机械结构基础知识。

（3）数控机床机械装配工艺基础知识。

3）电气装调基础知识

（1）电工操作基础知识。

（2）数控机床电气结构基础知识。

（3）数控机床电气装配工艺基础知识。

（4）数控机床操作与编程基础知识。

4）维修基础知识

（1）数控机床精度与检测基础知识。

（2）数控机床故障与诊断基础知识。

5）安全文明生产与环境保护知识

（1）现场安全文明生产要求。

（2）安全操作与劳动保护知识。

（3）环境保护知识。

6）质量管理知识

（1）企业的质量目标。

（2）岗位的质量要求。

（3）岗位的质量保证措施与责任。

7）相关法律、法规知识

（1）中华人民共和国劳动法的相关知识。

（2）中华人民共和国合同法的相关知识。

三、工作要求

工作要求如附表1-1所示。

附表1-1　工作要求

职业功能	工作内容	技能要求	相关知识
数控机床机械装调	机械功能部件装配和机床总装	①能读懂机床总装配图或部件装配图 ②能绘制连接件装配图 ③能根据整机装配调试要求准备工具、工装 ④能完成两种以上机械功能部件（主轴箱、进给系统、换刀装置、辅助设备）的装配或一种以上型号机床的总装 ⑤能进行数控机床几何精度、工作精度的检测和调整 ⑥能看懂三坐标测量报告、激光检测报告，并进行一般误差分析和调整（如垂直度、平行度、同轴度、位置度等）	①数控机床总装配图或部件装配图识图知识 ②连接件装配图的画法 ③整机装配、调试、检修所用工具、工装原理知识及使用方法 ④数控机床液压与气动工作原理 ⑤数控机床精度检验方法 ⑥阅读三坐标测量报告、激光检测报告的方法 ⑦一般误差分析和调整的方法
	机械功能部件及整机调整方式	①能读懂数控机床电气原理图，电气接线图 ②机床通电试车时，能完成机床数控系统初始化后的资料输入 ③能进行系统操作面板、机床操作面板上的功能调整方式 ④能进行数控机床试车（如空运转） ⑤能进行两种型号以上数控系统的操作 ⑥能进行两种型号以上数控系统的加工编程 ⑦能根据零件加工工艺要求准备刀具、夹具 ⑧能完成试车工件的加工 ⑨能使用通用量具对所加工工件进行检测，并进行误差分析和调整方式	①数控机床电气原理图，电气接线图识图知识 ②电气元件标注及画法 ③数控系统通信方式 ④数控机床参数基本知识 ⑤数控系统的使用说明书 ⑥试车工艺规程 ⑦刀具的几何角度、功能及刀具材料的切削性能的知识 ⑧零件加工中夹具的使用方法 ⑨零件加工切削参数的选择 ⑩数控机床加工工艺知识 ⑪加工工件测量与误差分析方法

职业功能	工作内容	技能要求	相关知识
数控机床机械维修	整机维修	①能读懂机床总装配图或部件装配图 ②能读懂所维修的数控机床电气原理图，电气接线图 ③能读懂所维修的机床液压与气动原理图 ④能判断机械、电气、液压（气动）的常见故障 ⑤能排除所维修的数控机床涉及的全部机械故障 ⑥能排除所维修的数控机床强电方面的故障	①数控机床总装配图或部件装配图识图知识 ②数控机床电气原理图，电气接线图识图知识 ③电气元件标注及画法 ④液压与气动原理图 ⑤数控机床机械故障诊断与排除的知识 ⑥数控机床强电故障排除知识
	整机调整方式	①能完成机床数控系统初始化后的资料输入 ②能进行系统操作面板、机床操作面板上的功能调整方式 ③能对所维修机床进行操作 ④能对所维修机床加工编程 ⑤能根据零件加工工艺要求准备刀具、夹具 ⑥能使用通用量具对所加工工件进行检测，并进行误差分析和调整方式	①数控系统通信方式 ②数控机床的操作说明书 ③数控机床参数基本知识 ④数控系统的操作说明书 ⑤刀具的几何角度、功能及刀具材料的切削性能的知识 ⑥零件加工中夹具的使用方法 ⑦零件加工切削参数的选择 ⑧数控机床加工工艺知识 ⑨加工工件测量与误差分析方法
数控机床电气装调	电气整机装配	①能读懂数控机床电气装配图、电气原理图、电气接线图 ②能读懂机床总装配图 ③能读懂液压与气动原理 ④能读懂与电气相关的机械图纸（如数控刀架、刀库与机械手等） ⑤能按照图纸要求安装两种规格以上数控机床全部电路，其中有配电板、电气柜、操作台、主轴变频器、机床各部分之间电缆线的连接等	①数控机床电气装配图、电气原理图，电气接线图识图知识 ②所维修的数控机床 PLC 梯形图知识 ③机床总装配图知识 ④液压与气动原理知识 ⑤数控刀架、刀库与机械手原理知识 ⑥一般电气元器件的名称及其用途 ⑦数控系统硬件知识：CNC 端口电路、伺服装置、可编程控制器、主轴变频器等

职业功能	工作内容	技能要求	相关知识
数控机床电气装调	电气整机调整	①能在数控机床通电试车时，通过机床通信口把机床参数与梯形图传入 CNC 控制器中 ②能使用系统参数、PLC 参等对机床进行调整 ③能进行数控机床各种功能的调试 ④能应用数控系统编制加工程序（选用常用刀具） ⑤能进行数控机床试车（如空运转） ⑥能加工试车工件 ⑦能对机床导轨调平 ⑧能进行数控机床几何精度调整	①数控系统通信方式 ②数控机床 PLC 梯形图知识 ③数控机床各种参数使用知识 ④变频器操作及维修知识 ⑤数控机床功能调试知识 ⑥刀具的几何角度、功能及刀具材料的切削性能 ⑦数控机床操作方法 ⑧数控系统的编程方法 ⑨机械零件加工工艺 ⑩机床导轨调平的方法 ⑪数控机床几何精度调整知识
数控机床电气维修	电气整机维修	①能读懂所维修的数控机床电气装配图、电气原理图、电气接线图 ②能读懂机床总装配图 ③能读懂液压与气动原理 ④能读懂与电气相关的机械图纸（如数控刀架、刀库与机械手等） ⑤能通过仪器仪表检查故障点 ⑥能通过数控系统诊断功能、PLC 梯形图等诊断故障产生的原因并予以排除 ⑦能判断所装配数控机床的机械、电气、液压常见故障 ⑧能完成两种规格以上数控机床的电气维修	①所维修的数控机床电气装配图、电气原理图、电气接线图知识 ②维修的数控机床 PLC 梯形图知识 ③机床总装配图知识 ④液压与气动原理知识 ⑤数控刀架、刀库与机械手原理知识 ⑥仪器仪表使用知识 ⑦数控系统自诊断功能知识 ⑧数控机床电气故障与诊断方法 ⑨机床传动的基础知识 ⑩数控机床液压与气动工作的原理 ⑪数控机床操作说明书 ⑫数控系统操作说明书 ⑬数控系统连接说明书 ⑭数控系统参数说明书
	电气整机调整	①能读懂 PLC 梯形图，并会修改其中的错误 ②能使用系统参数、PLC 参数等对机床进行调整 ③能进行数控机床几何精度检测 ④能读懂三坐标测量报告、激光检测报告并进行一般分析（如垂直度、平行度、同轴度、位置度等） ⑤能使用通用量具对轴类、盘类工件进行检测，并进行误差分析	①数控机床精度检验知识 ②阅读三坐标测量报告、激光检测报告的方法 ③机床精度检测与误差分析方法 ④通用量具使用方法 ⑤轴类、盘类工件测量与误差分析方法

附录2：FANUC PMC 地址

FANUC PMC 地址如附表2-1所示。

附表2-1　FANUC PMC 地址

地址	信号名称	符号	T系列	M系列
X004#0	测量位置到达信号	XAE	○	○
X004#1		YAE	—	○
X004#1		ZAE	○	—
X004#2		ZAE	—	○
X004#2，#4	各轴手动进给互锁信号	+MIT1，+MIT2	○	—
X004#2，#4	刀具偏移量写入信号	+MIT1，+MIT2	○	
X004#2～#6，0，1	跳转信号	SKIP2～SKIP6，SKIP7，SKIP8	○	○
X004#3，#5	各轴手动进给互锁信号	—MIT1，—MIT2	○	—
X004#3，#5	刀具偏移量写入信号	—MIT1，—MIT2	○	
X004#6	跳转信号（PMC 轴控制)	ESKIP	○	○
X004#7	跳转信号	SKIP	○	○
X004#7	扭矩过载信号	SKIP	—	○
X008#4	急停信号	*ESP	○	○
X009	参考点返回减速信号	*DEC1～*DEC4	○	○
G000，G001	外部数据输入的数据信号	ED0～ED15	○	○
G002#0～#6	外部数据输入的地址信号	EA0～EA6	○	○
G002#7	外部数据输入的读取信号	ESTB	○	○
G004#3	结束信号	FIN	○	○
G004#4	第2M 功能结束信号	MFIN2	○	○
G004#5	第3M 功能结束信号	MFIN3	○	○
G005#0	辅助功能结束信号	MFIN	○	○
G005#1	外部运行功能结束信号	EFIN	—	○
G005#2	主轴功能结束信号	SFIN	○	○
G005#3	刀具功能结束信号	TFIN	○	○
G005#4	第2辅助功能结束信号	BFIN	○	—

地址	信号名称	符号	T 系列	M 系列
G005#6	辅助功能锁住信号	AFL	○	○
G005#7	第 2 辅助功能结束信号	BFIN	—	○
G006#0	程序再启动信号	SRN	○	○
G006#2	手动绝对值信号	*ABSM	○	○
G006#4	倍率取消信号	OVC	○	○
G006#6	跳转信号	SKIPP	○	
G007#1	启动锁住信号	STLK	○	
G007#2	循环启动信号	ST	○	○
G007#4	行程检测 3 解除信号	RLSOT3	○	○
G007#5	跟踪信号	*FLWU	○	○
G007#6	存储行程极限选择信号	EXLM	○	○
G007#7	行程到限解除信号	RLSOT	—	○
G008#0	互锁信号	*IT	○	○
G008#1	切削程序段开始互锁信号	*CSL	○	○
G008#3	程序段开始互锁信号	*BSL	○	○
G008#4	急停信号	*ESP	○	○
G008#5	进给暂停信号	*SP	○	○
G008#6	复位和倒回信号	RRW	○	○
G008#7	外部复位信号	ERS	○	○
G009#0 ~ 4	工件号检索信号	PN1，PN2，PN4，PN8，PN16	○	○
G010，G011	手动移动速度倍率信号	*JV0 ~ *JV15	○	○
G012	进给速度倍率信号	*FV0 ~ *FV7	○	○
G014#0，#1	快速进给速度倍率信号	ROV1，ROV2	○	○
G016#7	F1 位进给选择信号	F1D	—	○
G018#0 ~ #3		HS1A ~ HS1D	○	○
G018#4 ~ #7	手动进给轴选择信号	HS2A ~ HS2D	○	○
G019#0 ~ #3		HS3A ~ HS3D	○	○
G019#4，#5	手轮进给量选择信号（增量进给信号）	MP1，MP2	○	○

地址	信号名称	符号	T 系列	M 系列
G019#7	手动快速进给选择信号	RT	○	○
G023#5	在位检测无效信号	NOINPS	○	○
G024#0 ~ G025#5	扩展工件号检索信号	EPNO ~ EPN13	○	○
G025#7	扩展工件号检索开始信号	EPNS	○	○
G027#0	主轴选择信号	SWS1	○	○
G027#1		SWS2	○	○
G027#2		SWS3	○	○
G027#3	各主轴停止信号	* SSTP1	○	○
G027#4		* SSTP2	○	○
G027#5		* SSTP3	○	○
G027#7	Cs 轮廓控制切换信号	CON	○	○
G028#1，#2	齿轮选择信号（输入）	GR1，GR2	○	—
G028#4	主轴松开完成信号	* SUCPF	○	—
G028#5	主轴夹紧完成信号	* SCPF	○	—
G028#6	主轴停止完成信号	SPSTP	○	—
G028#7	第 2 位置编码器选择信号	PC2SLC	○	○
G029#0	齿轮挡选择信号（输入）	GR21	○	
G029#4	主轴速度到达信号	SAR	○	○
G029#5	主轴定向信号	SOR	○	○
G029#6	主轴停信号	* SSTP	○	○
G030	主轴速度倍率信号	SOV0 ~ SOV7	○	○
G032#0 ~ G033#3	主轴电动机速度指令信号	R01I ~ R12I	○	○
G033#5	主轴电动机指令输出极性选择信号	SGN	○	○
G033#6		SSIN	○	○
G033#7	PMC 控制主轴速度输出控制信号	SIND	○	○
G034# ~ G035#3	主轴电动机速度指令信号	R01I2 ~ R12I2	○	○
G035#5	主轴电动机指令输出极性选择信号	SGN2	○	○
G035#6	主轴电动机指令输出极性选择信号	SSIN2	○	○
G035#7	PMC 控制主轴速度输出控制信号	SIND2	○	○

地址	信号名称	符号	T 系列	M 系列
G036#0 ~ G037#3	主轴电动机速度指令信号	RO1I3 ~ R12I3	○	○
G037#5	主轴电动机指令极性选择信号	SGN3	○	○
G037#6	主轴电动机指令极性选择信号	SSIN3	○	○
G037#7	主轴电动机速度选择信号	SIND3	○	○
G038#2	主轴同步控制信号	SPSYC	○	○
G038#3	主轴相位同步控制信号	SPPHS	○	○
G038#6	B – 轴松开完成信号	* BECUP	—	○
G038#7	B – 轴夹紧完成信号	* BECLP	—	○
G039#0 ~ #5	刀具偏移号选择信号	OFN0 ~ OFN5	○	—
G039#6	工件坐标系偏移值写入方式选择信号	WOQSM	○	○
G039#7	刀具偏移量写入方式选择信号	GOQSM	○	○
G040#5	主轴测量选择信号	S2TLS	○	○
G040#6	位置记录信号	PRC	○	○
G040#7	工件坐标系偏移量写入信号	WOSET	○	○
G041#0 ~ #3		HS1IA ~ HS1ID	○	○
G041#4 ~ #7	手轮中断轴选择信号	HS2IA ~ HS2ID	○	○
G042#0 ~ #3		HS3IA ~ HS3ID	—	○
G042#7	直接运行选择信号	DMMC	○	○
G043#0 ~ #2	方式选择信号	MD1, MD, MD4	○	○
G043#5	DNC 运行选择信号	DNCI	○	○
G043#7	手动返回参考点选择信号	ZRN	○	○
G044#0, G045	跳过任选程序段信号	BDT1, BDT2 ~ BDT9	○	○
G044#1	所有轴机床锁住信号	MLK	○	○
G046#1	单程序段信号	SBK	○	○
G046#3 ~ #6	储存器保护信号	KEY1 ~ KEY4	○	○
G046#7	空运行信号	DRN	○	○
G047#0 ~ #6	刀具组号选择信号	TL01 ~ TL64	○	
G047#0 ~ G048#0		TL01 ~ TL256	—	○
G048#5	刀具跳过信号	TLSKP	○	○

地址	信号名称	符号	T 系列	M 系列
G048#6	每把刀具的更换复位信号	TLRSTI	—	○
G048#7	刀具更换复位信号	TLRST	○	○
G019#0 ~ G050#1	刀具寿命计数倍率信号	* TLV0 ~ * TLV9	—	○
G053#0	通用累计计数器启动信号	TMRON	○	○
G053#3	用户宏程序中断信号	UINT	○	○
G053#6	误差检测信号	SMZ	○	○
G053#7	倒角信号	CDZ	○	
G054，G055	用户宏程序输入信号	UI000 ~ UI015	○	○
G058#0	程序输入外部启动信号	MINP	○	○
G058#1	外部读开始信号	EXRD	○	○
G058#2	外部阅读/传出停止信号	EXSTP	○	○
G058#3	外部传出启动信号	EXWT	○	○
G060#7	尾架屏蔽选择信号	* TSB	○	
G061#0	刚性攻丝信号	RGTAP	○	○
G061#4，#5	刚性攻丝主轴选择信号	RGTSP1	○	—
G062#1	CRT 显示自动清屏取消信号	* CRTOF	○	○
G062#6	刚性攻丝回退启动信号	RTNT	—	○
G063#5	垂直/角度轴控制无效信号	NOZAGC	○	○
G066#0	所有轴 VRDY OFF 报警忽略信号	IGNVRY	○	○
G066#1	外部键入方式选择信号	ENBKY	○	○
G066#4	回退信号	RTRCT	○	○
G066#7	键代码读取信号	EKSET	○	○
G067#6	硬拷贝停止信号	HCABT	○	○
G067#7	硬拷贝请求信号	HCREQ	○	○
G070#0	转矩限制 LOW 指令信号（串行主轴）	TLMLA	○	○
G070#1	转矩限制 HIGH 指令信号（串行主轴）	TLMHA	○	○
G070#2，#3	离合器/齿轮信号（串行主轴）	CTH1A，CTH2A	○	○
G070#4	CCW 指令信号（串行主轴）	SRVA	○	○
G070#5	CW 指令信号（串行主轴）	SFRA	○	○

地址	信号名称	符号	T 系列	M 系列
G070#6	定向指令信号（串行主轴）	ORCMA	○	○
G070#7	机床准备就绪信号（串行主轴）	MRDYA	○	○
G071#0	报警复位信号（串行主轴）	ARSTA	○	○
G071#1	急停信号（串行主轴）	*ESPA	○	○
G071#2	主轴选择信号（串行主轴）	SPSLA	○	○
G071#3	动力线切换结束信号（串行主轴）	MCFNA	○	○
G071#4	软启动停止取消信号（串行主轴）	SOCAN	○	○
G071#5	速度积分控制信号	INTGA	○	○
G071#6	输出切换请求信号	RSLA	○	○
G071#7	动力线状态检测信号	RCHA	○	○
G072#0	准停位置变换信号	INDXA	○	○
G072#1	变换准停位置时旋转方向指令信号	ROTAA	○	○
G072#2	变换准停位置时最短距离移动指令信号	NRROA	○	○
G072#3	微分方式指令信号	DEFMDA	○	○
G072#4	模拟倍率指令信号	OVRA	○	○
G072#5	增量指令外部设定型定向信号	INCMDA	○	○
G072#6	变换主轴信号时主轴 MCC 状态信号	MFNHGA	○	○
G072#7	用磁传感器时高输出 MCC 状态信号	RCHHGA	○	○
G073#0	用磁传感器的主轴定向指令	MORCMA	○	○
G073#1	从动运行指令信号	SLVA	○	○
G073#2	电动机动力关断信号	MPOFA	○	○
G073#4	断线检测无效信号	DSCNA	○	○
G074#0	转矩限制 LOW 指令信号	TLMLB	○	○
G074#1	转矩限制 HIGH 指令信号	TLMHB	○	○
G074#2，#3	离合器/齿轮挡信号	CTH1B，CTH2B	○	○
G074#4	CCW 指令信号	SRVB	○	○
G074#5	CW 指令信号	SFRB	○	○
G074#6	定向指令信号	ORCMB	○	○

地址	信号名称	符号	T系列	M系列
G074#7	机床准备就绪信号	MRDYB	○	○
G075#0	报警复位信号	ARSTB	○	○
G075#1	急停信号	*ESPB	○	○
G075#2	主轴选择信号	SPSLB	○	○
G075#3	动力线切换完成信号	MCFNB	○	○
G075#4	软启动停止取消信号	SOCNB	○	○
G075#5	速度积分控制信号	INTGB	○	○
G075#6	输出切换请求信号	RSLB	○	○
G075#7	动力线状态检测信号	PCHB	○	○
G076#0	准停位置变换信号	INDXB	○	○
G076#1	变换准停位置时旋转方向指令信号	ROTAB	○	○
G076#2	变换准停位置时最短距离移动指令信号	NRROB	○	○
G076#3	微分方式指令信号	DEFMDB	○	○
G076#4	模拟倍率指令信号	OVRB	○	○
G076#5	增量指令外部设定型定向信号	INCMDB	○	○
G076#6	变换主轴信号时主主轴MCC状态信号	MFNHGB	○	○
G076#7	用磁传感器是Hing输出MCC状态信号	RCHHGB	○	○
G077#0	用磁传感器的主轴定向指令	MORCMB	○	○
G077#1	从动运行指令信号	SLVB	○	○
G077#2	电动机动力关断信号	MPOFB	○	○
G077#4	断线检测无效信号	DSCNB	○	○
G078#0 ~ G079#3	主轴定向外部停止的位置指令信号	SHA00 ~ SHA11	○	○
G080#0 ~ G081#3		SHB00 ~ SGB11	○	○
G091#0 ~ #3	组号指定信号	SRLNI0 ~ SRLNI3	○	○
G092#0	I/O Link确认信号	LOLACK	○	○
G092#1	I/O Link指定信号	LOLS	○	○
G092#2	Poewer Mate读/写进行中信号	BGIOS	○	○
G092#3	Poewer Mate读/写报警信号	BGIALM	○	○

地址	信号名称	符号	T 系列	M 系列
G092#4	Poewer Mate 后台忙信号	BGEM	○	○
G096#0 ~ #6	1% 快速进给倍率信号	* HROV0 ~ * HROV6	○	○
G096#7	1% 快速进给倍率选择信号	HROV	○	○
G098	键代码信号	EKC0 ~ EKC7	○	○
G100	进给轴和方向选择信号	+ J1 ~ + J4	○	○
G101#0 ~ #3	外部减速信号 2	* + ED21 ~ * + − ED24	○	○
G102	进给轴和方向选择信号	− J1 ~ J4	○	○
G103#0 ~ #3	外部减速信号 2	* − ED21 ~ * − ED24	○	○
G104	坐标轴方向存储器行程限位开关信号	+ EXL1 ~ + EXL4	○	○
G105		− EXL1 ~ − EXL4	○	○
G106	镜像信号	MI1 ~ MI4	○	○
G107#0 ~ #3	外部减速信号 3	* + ED31 ~ * + E34	○	○
G108	各轴机床锁住信号	MLK1 ~ MLK4	○	○
G109#0 ~ #3	外部减速信号 3	* − ED31 ~ * − ED34	○	○
G110	行程极限外部设定信号	+ LM1 ~ + LM4	—	○
G112		− LM1 ~ − LM4	—	○
G114	超程信号	* + L1 ~ * + L4	○	○
G116		* − L1 ~ * − L4	○	○
G118	外部减速信号	* + ED1 ~ * + ED4	○	○
G120	* − ED1 ~ − ED4		○	○
G124#0 ~ #3	控制轴脱开信号	DTCH1 ~ DTCH4	○	○
G125	异常负载检测忽略信号	IUDD1 ~ IUDD4	○	○
G126	伺服关闭信号	SVF1 ~ SVF4	○	○
G127#0 ~ #3	CS 轮廓控制方式精细加/减速功能无效信号	CDF1 ~ CDF4	○	○
G130	各轴互锁信号	* IT1 ~ * IT4	○	○
G132#0 ~ #3	各轴和方向互锁信号	+ MIT1 ~ + MIT4	—	○
G134#0 ~ #3	各轴和方向互锁信号	− MIT1 ~ − MIT4	—	○
G136	控制轴选择信号（PMC 轴控制）	EAX1 ~ EAX4	○	○

地址	信号名称	符号	T 系列	M 系列
G138	简单同步轴选择信号	SYNC1～SYNC4	○	○
G140	简单同步手动进给轴选择信号	EFINA	一	○
G142#0	辅助功能结束信号（PMC 轴控制）	EFINA	○	○
G142#1	累积零位检测信号	ELCKZA	○	○
G142#2	缓冲禁止信号	EMBUFA	○	○
G142#3	程序段停信号（PMC 轴控制）	ESBKA	○	○
G142#4	伺服关断信号（PMC 轴控制）	ESOFA	○	○
G142#5	轴控制指令读取信号（PMC 轴控制）	ESTPA	○	○
G142#6	复位信号（PMC 轴控制）	ECLRA	○	○
G142#7	轴控制指令读取信号（PMC 轴控制）	EBUFA	○	○
G143#0～#6	轴控制指令信号（PMC 轴控制）	EC0A～EC6A	○	○
G143#7	程序段停禁止信号（PMC 轴控制）	EMSBKA	○	○
G144.G145	轴控制进给速度信号（PMC 轴控制）	EIF0A～EIF15A	○	○
G146～G149	轴控制数据信号（PMC 轴控制）	EID0A～31A	○	○
G150#0，#1	快速进给倍率信号（PMC 轴控制）	ROV1E，ROV2E	○	○
G150#5	倍率取消信号（PMC 轴控制）	OVCE	○	○
G150#6	手动快速选择信号（PMC 轴控制）	RTE	○	○
G150#7	空运行信号（PMC 轴控制）	DRNE	○	○
G151	进给速度倍率信号（PMC 轴控制）	*FV0E～*FV7E	○	○
G154#0	辅助功能结束信号（PMC 轴控制）	EFINB	○	○
G154#1	累积零检测信号（PMC 轴控制）	ELCKZB	○	○
G154#2	缓冲禁止信号	EMBUFB	○	○
G154#3	程序段停信号（PMC 轴控制）	ESBKB	○	○
G154#4	伺服关闭信号（PMC 轴控制）	ESOFB	○	○
G154#5	轴控制暂停信号（PMC 轴控制）	ESTPB	○	○
G154#6	复位信号（PMC 轴控制）	ECLRB	○	○
G154#7	轴控制指令读取信号（PMC 轴控制）	EBUFB	○	○
G155#0～#6	轴控制指令信号（PMC 轴控制）	EC0B～EC6B	○	○
G155#7	程序段停信号（PMC 轴控制）	EMSBKB	○	○

地址	信号名称	符号	T 系列	M 系列
G156. G157	轴控制进给速度信号（PMC 轴控制）	EIF0B ~ EIF15B	○	○
G158 ~ G161	轴控制数据信号（PMC 轴控制）	EID0B ~ 31B	○	○
G166#0	辅助功能结束信号（PMC 轴控制）	EFINC	○	○
G166#1	累积零位检测信号	ELCKZC	○	○
G166#2	缓冲禁止信号	EMBUFC	○	○
G166#3	程序段停信号（PMC 轴控制）	ESBKC	○	○
G166#4	伺服关断信号（PMC 轴控制）	ESOFC	○	○
G166#5	轴控制指令读取信号（PMC 轴控制）	ESTPC	○	○
G166#6	复位信号（PMC 轴控制）	ECLRC	○	○
G166#7	轴控制指令读取信号（PMC 轴控制）	EBUFC	○	○
G167#0 ~ #6	轴控制指令信号（PMC 轴控制）	EC0C ~ EC6C	○	○
G167#7	程序段停禁止信号（PMC 轴控制）	EMSBKC	○	○
G168. G169	轴控制进给速度信号（PMC 轴控制）	EIF0C ~ EIF15C	○	○
G170 ~ G173	轴控制数据信号（PMC 轴控制）	EID0C ~ 31C	○	○
G178#0	辅助功能结束信号（PMC 轴控制）	EFIND	○	○
G178#1	累积零位检测信号	ELCKZD	○	○
G178#2	缓冲禁止信号	EMBUFD	○	○
G178#3	程序段停信号（PMC 轴控制）	ESBKD	○	○
G178#4	伺服关断信号（PMC 轴控制）	ESOFD	○	○
G178#5	轴控制指令读取信号（PMC 轴控制）	ESTPD	○	○
G178#6	复位信号（PMC 轴控制）	ECLRD	○	○
G178#7	轴控制指令读取信号（PMC 轴控制）	EBUFD	○	○
G179#0 ~ #6	轴控制指令信号（PMC 轴控制）	EC0D ~ EC6D	○	○
G179#7	程序段停禁止信号（PMC 轴控制）	EMSBKD	○	○
G180. G181	轴控制进给速度信号（PMC 轴控制）	EIF0D ~ EIF15D	○	○
G182 ~ G185	轴控制数据信号（PMC 轴控制）	EID0D ~ 31D	○	○
G192	各轴 VRDY OFF 报警忽略信号	IGVRY1 ~ IGVRY4	○	○
G198	位置显示忽略信号	NPOS1 ~ NPOS4	○	○
G199#0	手摇脉冲发生器选择信号	IOBH2	○	○

地址	信号名称	符号	T 系列	M 系列
G199#1	手摇脉冲发生器选择信号	IOBH3	○	○
G200	轴控制高级指令信号	EASIP1 ~ EASIP4	○	○
G274#4	CS 轴坐标系建立请求信号	CSFI1	○	○
G349#0 ~ #3	伺服转速检测有效信号	SVSCK1 ~ SVSCK4	○	○
G359#0 ~ #3	各轴在位检测无效信号	NOINP1 ~ NOINP4	○	○
F000#0	倒带信号	RWD	○	○
F000#4	进给暂停报警信号	SPL	○	○
F000#5	循环启动报警信号	STL	○	○
F000#6	伺服准备就绪信号	SA	○	○
F000#7	自动运行信号	OP	○	○
F001#0	报警信号	AL	○	○
F001#1	复位信号	RST	○	○
F001#2	电池报警信号	BAL	○	○
F001#3	分配结束信号	DEN	○	○
F001#4	主轴使能信号	ENB	○	○
F001#5	攻丝信号	TAP	○	○
F001#7	CNC 信号	MA	○	○
F002#0	英制输入信号	INCH	○	○
F002#1	快速进给信号	RPDO	○	○
F002#2	恒表面切削速度信号	CSS	○	○
F002#3	螺纹切削信号	THRD	○	○
F002#4	程序启动信号	SRNMV	○	○
F002#6	切削进给信号	CUT	○	○
F002#7	空运行检测信号	MDPN	○	○
F003#0	增量进给选择检测信号	MINC	○	○
F003#1	手轮进给选择检测信号	MH	○	○
F003#2	JOG 进给检测信号	MJ	○	○
F003#3	手动数据输入选择检测信号	MMDI	○	○
F003#4	DNC 运行选择确认信号	MRMT	○	○

续表

地址	信号名称	符号	T系列	M系列
F003#5	自动运行选择检测信号	MMEM	○	○
F003#6	储存器编辑选择检测信号	MEDT	○	○
F003#7	示教选择检测信号	MTCHIN	○	○
F004#0，F005	跳过任选程序段检测信号	MBDT1，MBDT2 ~ MBDT9	○	○
F004#1	所有轴机床锁住检测信号	MMLK	○	○
F004#2	手动绝对值检测信号	MABSM	○	○
F004#3	单程序段检测信号	MSBK	○	○
F004#4	辅助功能锁住检测信号	MAFL	○	○
F004#5	手动返回参考点检测信号	MREF	○	○
F007#0	辅助功能选通信号	MF	○	○
F007#1	高速端口外部运行信号	EFD	—	○
F007#2	主轴速度功能选通信号	SF	○	○
F007#3	刀具功能选通信号	TF	○	○
F007#4	第2辅助功能选通信号	BF	○	—
F007#7			—	○
F008#0	外部运行信号	EF	—	○
F008#4	第2M功能选通信号	MF2	○	○
F008#5	第3M功能选通信号	MF3	○	○
F009#4	M译码信号	DM30	○	○
F009#5		DM02	○	○
F009#6		DM01	○	○
F009#7		DM00	○	○
F010 ~ F013	辅助功能代码信号	M00 ~ M31	○	○
F014 ~ F015	第2M功能代码信号	M200 ~ M215	○	○
F016 ~ F017	第3M功能代码信号	M300 ~ M315	○	○
F022 ~ F025	主轴速度代码信号	S00 ~ S31	○	○
F026 ~ F029	刀具功能代码信号	T00 ~ T31	○	○
F030 ~ F033	第2辅助功能代码信号	B00 ~ B31	○	○
F034#0 ~ #2	齿轮选择信号（输出）	GRIO，GR2O，GR3O	—	○

地址	信号名称	符号	T 系列	M 系列
F035#0	主轴功能检测报警信号	SPAL	○	○
F036#0	12 位代码信号	RO10 ~ R12O	○	○
F037#3S			○	○
F038#0	主轴夹紧信号	SCLP	○	—
F038#1	主轴松开信号	SUCLP	○	
F038#2	主轴使能信号	ENB2	○	○
F038#3		ENB3	○	○
F040，F041	实际主轴速度信号	ARO ~ AR15	○	—
F044#1	CS 轮廓控制切换结束信号	FSCSL	○	○
F044#2	主轴同步速度控制结束信号	FSPSY	○	○
F044#3	主轴相位同步控制结束信号	FSPPH	○	○
F044#4	主轴同步控制报警信号	SYCAL	○	○
F045#0	报警信号（串行主轴）	ALMA	○	○
F045#1	零速度信号（串行主轴）	SSTA	○	○
F045#2	速度检测信号（串行主轴）	SDTA	○	○
F045#3	速度到达信号（串行主轴）	SARA	○	○
F045#4	负载检测信号 1（串行主轴）	LDT1A	○	○
F045#5	负载检测信号 2（串行主轴）	LDT2A	○	○
F045#6	转矩限制信号（串行主轴）	TLMA	○	○
F045#7	定向结束信号（串行主轴）	ORARA	○	○
F046#0	动力线切换信号（串行主轴）	CHPA	○	○
F046#1	主轴切换结束信号（串行主轴）	CFINA	○	○
F046#2	输出切换信号（串行主轴）	RCHPA	○	○
F046#3	输出切换结束信号（串行主轴）	RCFNA	○	○
F046#4	从动运动状态信号（串行主轴）	SLVSA	○	○
F046#5	用位置编码器的主轴定向接近信号（串行主轴）	PORA2A	○	○
F046#6	用磁传感器主轴定向结束信号（串行主轴）	MORA1A	○	○

地址	信号名称	符号	T系列	M系列
F046#7	用磁传感器主轴定向接近信号（串行主轴）	MORA2A	○	○
F047#0	位置编码器一转信号检测的状态信号（串行主轴）	PC1DTA	○	○
F047#1	增量方式定向信号（串行主轴）	INCSTA	○	○
F047#4	电动机激磁关断状态信号（串行主轴）	EXOFA	○	○
F048#4	CS轴坐标系建立状态信号	CSPENA	○	○
F049#0	报警信号（串行主轴）	ALMB	○	○
F049#1	零速度信号（串行主轴）	SSTB	○	○
F049#2	速度检测信号（串行主轴）	SDTB	○	○
F049#3	速度到达信号（串行主轴）	SARB	○	○
F049#4	负载检测信号1（串行主轴）	LDT1B	○	○
F049#5	负载检测信号2（串行主轴）	LDT2B	○	○
F049#6	转矩限制信号（串行主轴）	TLMB	○	○
F049#7	定向结束信号（串行主轴）	ORARB	○	○
F050#0	动力线切换信号（串行主轴）	CHPB	○	○
F050#1	主轴切换结束信号（串行主轴）	CFINB	○	○
F050#2	输出切换信号（串行主轴）	RCHPB	○	○
F050#3	输出切换结束信号（串行主轴）	RCFNB	○	○
F050#4	从动运动状态信号（串行主轴）	SLVSB	○	○
F050#5	用位置编码器的主轴定向接近信号（串行主轴）	PORA2B	○	○
F050#6	用磁传感器主轴定向结束信号（串行主轴）	MORA1B	○	○
F050#7	用磁传感器主轴定向接近信号（串行主轴）	MORA2B	○	○
F051#0	位置编码器一转信号检测的状态信号（串行主轴）	PC1DTB	○	○
F051#1	增量方式定向信号（串行主轴）	INCSTB	○	○

地址	信号名称	符号	T 系列	M 系列
F051#4	电动机激磁关断状态信号（串行主轴）	EXOFB	○	○
F053#0	键输入禁止信号	INHKY	○	○
F053#1	程序屏幕显示方式信号	PRGDPL	○	○
F053#2	阅读/传出处理中信号	RPBSY	○	○
F053#3	阅读/传出报警信号	RPALM	○	○
F053#4	后台忙信号	BGEACT	○	○
F053#7	键代码读取结束信号	EKENB	○	○
F054，F055	用户宏程序输出信号	UO000 ~ UO015	○	○
F056 ~ F059	—	UO100 ~ UO131	○	○
F060#0	外部数据输入读取结束信号	EREND	○	○
F060#1	外部数据输入检索结束信号	ESEND	○	○
F060#2	外部数据输入检索取消信号	ESCAN	○	○
F061#0	B 轴松开信号	BUCLP	—	○
F061#1	B 轴夹紧信号	BCLP	—	○
F061#2	硬拷贝停止请求接受确认	HCAB2	○	○
F061#3	硬拷贝进行中信号	HCEXE	○	○
F062#0	AI 先行控制方式信号	AICC	—	○
F062#3	主轴 1 测量中信号	SIMES	○	—
F062#4	主轴 2 测量中信号	S2MES	○	—
F062#7	所需零件计数到达信号	PRTSF	○	○
F063#7	多边形同步信号	PSYN	○	—
F064#0	更换刀具信号	TLCH	○	○
F064#1	新刀具选择信号	TLNW	○	○
F064#2	每把刀具的切换信号	TLCHI	—	○
F064#3	刀具寿命到期通知信号	TLCHB	—	○
F065#0	主轴的转向信号	RGSPP	—	○
F065#1		RGSPM	—	○
F065#4	回退完成信号	RTRCTF	○	○
F066#0	先行控制方式信号	G08MD	○	○

地址	信号名称	符号	T系列	M系列
F066#1	刚性攻丝回退结束信号	RTPT	—	○
F066#5	小孔径深孔钻孔处理中信号	PECK2	—	○
F070#0 ~ F071	位置开关信号	PSW01 ~ PSW16	○	○
F072	软操作面板通用开关信号	OUTO ~ OUT7	○	○
F073#0	软操作面板信号（MD1）	MD1O	○	○
F073#1	软操作面板信号（MD2）	MD2O	○	○
F073#2	软操作面板信号（MD4）	MD4O	○	○
F073#4	软操作面板信号（ZRN）	ZRNO	○	○
F075#2	软操作面板信号（BDT）	BDTO	○	○
F075#3	软操作面板信号（SBK）	SBKO	○	○
F075#4	软操作面板信号（MLK）	MLKO	○	○
F075#5	软操作面板信号（DRN）	DRNO	○	○
F075#6	软操作面板信号（KEY1 ~ KEY4）	KEYO	○	○
F075#7	软操作面板信号（＊SP）	SPO	○	○
F076#0	软操作面板信号（MP1）	MP1O	○	○
F076#1	软操作面板信号（MP2）	MP2O	○	○
F076#3	刚性攻丝方式信号	RTAP	○	○
F076#4	软操作面板信号（ROV1）	ROV10	○	○
F076#5	软操作面板信号（ROV2）	ROV20	○	○
F077#0	软操作面板信号（HS1A）	HS1A0	○	○
F077#1	软操作面板信号（HS1B）	HS1B0	○	○
F077#2	软操作面板信号（HS1C）	HS1CO	○	○
F077#3	软操作面板信号（HS1D）	HS1D0	○	○
F077#6	软操作面板信号（RT）	RT0	○	○
F078	软操作面板信号（＊FV0 ~ ＊FV7）	＊FV0O ~ ＊FV7O	○	○
F079，F080	软操作面板信号（＊JV0 ~ ＊JV15）	＊JV0O ~ ＊JV15O	○	○
F081#0，2，4，6	软操作面板信号（+J1 ~ +J4）	+J1O ~ +J4O	○	○
F081#1，3，5，7	软操作面板信号（-J1 ~ -J4）	-J1O ~ -J4O	○	○
F090#0	伺服轴异常负载检测信号	ABTQSV	○	○

地址	信号名称	符号	T 系列	M 系列
F090#1	第 1 主轴异常负载检测信号	ABTSP1	○	○
F090#2	第 2 主轴异常负载检测信号	ABTSP2	○	○
F094	返回参考点结束信号	ZP1 ~ ZP4	○	○
F096	返回第 2 参考位置结束信号	ZP21 ~ ZP24	○	○
F098	返回第 3 参考位置结束信号	ZP31 ~ ZP34	○	○
F100	返回第 4 参考位置结束信号	ZP41 ~ ZP44	○	○
F102	轴移动信号	MV1 ~ MV4	○	○
F104	到位信号	INP1 ~ INP4	○	○
F106	轴运动方向信号	MVD1 ~ MVD4	○	○
F108	镜像检测信号	MMI1 ~ MMI4	○	○
F110#0 – #3	控制轴脱开状态信号	MDTCH1 ~ MDTCH4	○	○
F112	分配结束信号（PMC 轴控制）	EADEN1 ~ EADEN4	○	○
F114	转矩极限到达信号	TRQL1 ~ TRQL4	○	—
F120	参考点建立信号	ZRF1 ~ ZRF4	○	○
F122#0	高速跳转状态信号	HDO0	○	○
F124	行程限位到达信号	+ OT1 ~ + OT4	—	○
F124#0 – #3	超程报警中信号	OTP1 ~ OTP4	○	○
F126	行程限位到达信号	– OT1 ~ – OT4	—	○
F129#5	0% 倍率信号（PMC 轴控制）	EOVO	○	○
F129#7	控制轴选择状态信号（PMC 轴控制）	∗ EAXSL	○	○
F130#0	到位信号（PMC 轴控制）	EINPA	○	○
F130#1	零跟随误差检测信号（PMC 轴控制）	ECKZA	○	○
F130#2	报警信号（PMC 轴控制）	EIALA	○	○
F130#3	辅助功能执行信号（PMC 轴控制）	EDENA	○	○
F130#4	轴移动信号（PMC 轴控制）	EGENA	○	○
F130#5	正向超程信号（PMC 轴控制）	EOTPA	○	○
F130#6	负像超程信号（PMC 轴控制）	EOTNA	○	○
F130#7	轴控制指令读取结束信号（PMC 轴控制）	EBSYA	○	○

地址	信号名称	符号	T 系列	M 系列
F131#0	辅助功能选通信号（PMC 轴控制）	EMFA	○	○
F131#1	缓冲器满信号（PMC 轴控制）	EABUFA	○	○
F131，F142	辅助功能代码信号（PMC 轴控制）	EM11A ~ EM48A	○	○
F133#0	到位信号（PMC 轴控制）	EINP8	○	○
F133#1	零跟随误差检测信号（PMC 轴控制）	BCKZB	○	○
F133#2	报警信号（PMC 轴控制）	EIALB	○	○
F133#3	辅助功能执行信号（PMC 轴控制）	EDENB	○	○
F133#4	轴移动信号（PMC 轴控制）	EGENB	○	○
F133#5	正向超程信号（PMC 轴控制）	EOTPB	○	○
F133#6	负像超程信号（PMC 轴控制）	EOTNB	○	○
F133#7	轴控制指令读取结束信号（PMC 轴控制）	EBSYB	○	○
F134#0	辅助功能选通信号（PMC 轴控制）	EMFB	○	○
F134#1	缓冲器满信号（PMC 轴控制）	EABUFB	○	○
F135，F145	辅助功能代码信号（PMC 轴控制）	EM11B ~ EM48B	○	○
F136#0	到位信号（PMC 轴控制）	EINPC	○	○
F136#1	零跟随误差检测信号（PMC 轴控制）	BCKZC	○	○
F136#2	报警信号（PMC 轴控制）	EIALC	○	○
F136#3	辅助功能执行信号（PMC 轴控制）	EDENC	○	○
F136#4	轴移动信号（PMC 轴控制）	EGENC	○	○
F136#5	正向超程信号（PMC 轴控制）	EOTPC	○	○
F136#6	负像超程信号（PMC 轴控制）	EOTNC	○	○
F136#7	轴控制指令读取结束信号（PMC 轴控制）	EBSYC	○	○
F137#0	辅助功能选通信号（PMC 轴控制）	EMFC	○	○
F137#1	缓冲器满信号（PMC 轴控制）	EABUFC	○	○
F138，F148	辅助功能代码信号（PMC 轴控制）	EM11C ~ EM48C	○	○
F139#0	到位信号（PMC 轴控制）	EINPD	○	○
F139#1	零跟随误差检测信号（PMC 轴控制）	BCKZD	○	○

地址	信号名称	符号	T 系列	M 系列
F139#2	报警信号（PMC 轴控制）	EIALD	○	○
F139#3	辅助功能执行信号（PMC 轴控制）	EDEND	○	○
F139#4	轴移动信号（PMC 轴控制）	EGEND	○	○
F139#5	正向超程信号（PMC 轴控制）	EOTPD	○	○
F139#6	负像超程信号（PMC 轴控制）	EOTND	○	○
F139#7	轴控制指令读取结束信号（PMC 轴控制）	EBSYD	○	○
F140#0	辅助功能选通信号（PMC 轴控制）	EMFD	○	○
F140#1	缓冲器满信号（PMC 轴控制）	EABUFD	○	○
F141，F151	辅助功能代码信号（PMC 轴控制）	EM11D ~ EM48D	○	○
F172#6	绝对位置编码器电池电压零值报警信号	PBATZ	○	○
F172#7	绝对位置编码器电池电压值低报警信号	PBATL	○	○
F177#0	从装置 I/O Link 选择信号	IOLNK	○	○
F177#1	从装置外部读取开始信号	ERDIO	○	○
F177#2	从装置读/写停止信号	ESTPIO	○	○
F177#3	从装置外部写开始信号	EWTIO	○	○
F177#4	从装置程序选择信号	EPRG	○	○
F177#5	从装置宏变量选择信号	EVAR	○	○
F177#6	从装置参数选择信号	EPARM	○	○
F177#7	从装置诊断选择信号	EDGN	○	○
F178#0 ~ #3	组号输出信号	SRLN00 ~ SRLN03	○	○
F180	冲撞式参考位置设定的矩极限到达信号	CLRCH1 ~ CLRCH4	○	○
F182	控制信号（PMC 轴控制）	EACNT1 ~ EACNT4	○	○
F274#4	CS 轴坐标系建立报警信号	CSF01	○	○
F298#0 ~ #3	报警预测信号	TDFSV1 ~ TDFSV4	○	○
F349#0 ~ #3	私服转速低报警信号	TSA1 ~ TSA4	○	○

注：○表示有效，—表示无效。

参 考 文 献

[1] 王秋敏，宋嘎．数控机床故障诊断与维修［M］．上海：华东师范大学出版社，2014.

[2] 韩鸿鸾，董先．数控机床机械系统装调与维修一体化教程［M］．北京：机械工业出版社，2017.

[3] 李宏胜，朱强，曹锦江．FANUC 数控系统维护与维修［M］．北京：高等教育出版社，2011.

[4] 北京发那科机电有限公司．FANUC CNC 维修与调整（0i－D）培训教程［M］．北京：高等教育出版社，2011.

[5] 严峻．数控机床机械系统维修与调试实用技术［M］．北京：机械工业出版社，2013.

[6] 人力资源和社会保障部教材办公室．数控机床机械装调与维修［M］．北京：中国劳动社会保障出版社，2012.

[7] 吕景泉．数控机床安装与调试［M］．北京：中国铁道出版社，2011.

[8] 汤彩萍．数控系统安装与调试：基于工作过程工学结合课程实施整体解决方案［M］．北京：电子工业出版社，2009.

[9] 陈红康．数控编程与加工［M］．济南：山东大学出版社，2009.

[10] 周兰．FANUC 系统数控机床回参考点方式及其故障排除［J］．机床电器，2012（3）：26－28.

[11] 王银洲．四工位电动刀架机械故障维修实例［J］．设备与维修，2013（14）：79－80.

[12] 焦连岷．数控系统"跟踪误差过大"报警现象及实例分析［J］．设备与维修，2013（1）：83－85.